超简单
用 Python + ChatGPT

快学习教育◎编著

让 Excel 飞起来

北京理工大学出版社
BEIJING INSTITUTE OF TECHNOLOGY PRESS

版权专有　侵权必究

图书在版编目（CIP）数据

超简单：用Python+ChatGPT让Excel飞起来 / 快学习教育编著. -- 北京：北京理工大学出版社，2023.6

ISBN 978-7-5763-2471-6

Ⅰ.①超… Ⅱ.①快… Ⅲ.①软件工具－程序设计②表处理软件 Ⅳ.①TP311.561②TP391.13

中国国家版本馆CIP数据核字(2023)第106992号

出版发行 / 北京理工大学出版社有限责任公司

社　　址 / 北京市海淀区中关村南大街5号

邮　　编 / 100081

电　　话 /（010）68914775（总编室）

　　　　　（010）82562903（教材售后服务热线）

　　　　　（010）68944723（其他图书服务热线）

网　　址 / http://www.bitpress.com.cn

经　　销 / 全国各地新华书店

印　　刷 / 文畅阁印刷有限公司

开　　本 / 889毫米×1194毫米　1/24

印　　张 / 10　　　　　　　　　　　　　　　　　　　责任编辑 / 王晓莉

字　　数 / 236千字　　　　　　　　　　　　　　　　文案编辑 / 王晓莉

版　　次 / 2023年6月第1版　2023年6月第1次印刷　　责任校对 / 周瑞红

定　　价 / 79.00元　　　　　　　　　　　　　　　　责任印制 / 边心超

图书出现印装质量问题，请拨打售后服务热线，本社负责调换

前言
Preface

"超简单"系列图书是为满足广大职场人士学习新型自动化办公技术的需求而编写的应用型教程,此前已陆续出版了《超简单:用Python让Excel飞起来》《超简单:用Python让Excel飞起来(实战150例)》《超简单:用Python让Excel飞起来(核心模块语法详解篇)》《超简单:用Python让WPS Office飞起来》《超简单:用VBA让Excel飞起来》等图书,受到众多读者的欢迎。这些图书主要是基于编程来实现办公自动化,鉴于读者对象主要是编程基础薄弱甚至从未接触过编程的办公人员,我们尽力采用通俗易懂的方式去讲解知识点,但是由于水平所限,仍然有一部分读者反映在学习过程中遇到了困难。

2022年11月以来,以ChatGPT为代表的人工智能(AI)工具如雨后春笋般涌现。在这一背景下,我们萌生了用AI技术助力办公的想法,由此编写出了这本《超简单:用Python+ChatGPT让Excel飞起来》。本书旨在探讨如何让AI工具与Python编程语言"强强联手",帮助办公人员以较低的学习门槛提升自身的Excel应用能力,实现更智能、更高效的办公自动化。

全书共9章,通过清晰的结构和丰富的案例,循序渐进地引导读者探索AI技术在Excel办公自动化领域所开辟的一片新天地。

第1章:主要介绍如何搭建和测试Python的编程环境,为运行Python代码做好准备。

第2章:介绍ChatGPT和文心一言的基本用法,让读者学会利用问答式AI工具独立学习知识和解决问题。

第3章：介绍辅助Excel办公的AI工具，包括ChatExcel、AI-aided Formula Editor、Numerous.ai、模力表格等。用户不需要精通Excel的操作和工作表函数，只需要用自然语言下达指令，AI工具就能完成数据的处理或复杂公式的编写。

第4章：主要讲解借助ChatGPT实现低门槛Python编程的基础知识，包括AI辅助编程的特长和局限、基本步骤、应用实例等。

第5～9章：通过丰富的典型案例详细介绍如何将ChatGPT与Python结合起来，实现多种常见的Excel办公操作，包括工作簿、工作表、行、列和单元格的操作，以及数据的处理、分析与可视化等多个方面。

本书以实用性为导向，将理论与实践紧密结合。无论是Excel新手还是老手，都能从本书获得有价值的知识和实用的技能。

由于AI技术的更新和升级速度很快，加之编者水平有限，本书难免有不足之处，恳请广大读者批评指正。

作 者

2023年5月

目 录 Contents

第 1 章 用 Python 小试身手

1.1 Python 编程环境的搭建（IDLE）……002

1.2 Python 的模块……004

    1．初识模块……004

    2．模块的安装……005

    3．模块安装失败的常见原因……006

1.3 用 Python 让 Excel 飞一下……007

第 2 章 ChatGPT 和文心一言的基本使用

2.1 初识 ChatGPT……012

    1．什么是 ChatGPT……012

    2．ChatGPT 的特长和局限性……012

    3．ChatGPT 在 Excel 中的应用……014

2.2 注册和登录 ChatGPT ···014

2.3 与 ChatGPT 进行初次对话 ··017

2.4 通过优化提示词提升回答的质量 ···································019

  1．提示词设计的基本原则 ··019

  2．提示词设计的常用技巧 ··020

  3．提示词设计的参考实例 ··021

2.5 文心一言的基本使用 ··023

2.6 文心一言 VS ChatGPT ···028

第 3 章　实用的智能 Excel 工具

3.1 ChatExcel：智能对话，实现数据高效处理 ·····················034

3.2 AI-aided Formula Editor：智能公式编辑器 ····················040

3.3 Numerous.ai：智能分析和处理表格数据 ·························045

3.4 模力表格：智能计算表格文本 ····································049

第 4 章　Python+ChatGPT 的结合使用

4.1 AI 辅助 Python 编程的特长和局限 ································056

  1．AI 辅助编程的特长 ··056

  2．AI 辅助编程的局限 ··056

4.2　AI 辅助编程的步骤 ·· 057

4.3　利用 ChatGPT 进行 Python 编程 ·· 057

　　1．讲解程序思路和 Python 模块的使用 ··· 058

　　2．帮忙解读和修改代码 ·· 059

　　3．辅助完成程序的撰写 ·· 063

　　4．对代码进行阶段性的调试 ·· 065

　　5．帮助说明代码协助写出注释 ··· 071

4.4　用 Python 调用 OpenAI API ·· 076

第 5 章　工作簿操作

案例 01　提取文件夹中所有工作簿的文件名 ·· 082

案例 02　批量新建并保存多个工作簿 ·· 085

案例 03　打开文件夹下的所有工作簿 ·· 087

案例 04　批量重命名多个工作簿 ·· 090

案例 05　批量转换工作簿的文件格式 ·· 094

案例 06　将多个工作簿合并为一个工作簿 ·· 097

案例 07　按照扩展名分类工作簿 ·· 101

案例 08　按照日期分类工作簿 ·· 104

案例 09　按关键词查找工作簿 ·· 107

案例 10　保护一个工作簿的结构 ·· 108

第 6 章 工作表操作

- 案例 01 读取一个工作簿中所有工作表的名称 ……………………………………… 114
- 案例 02 在多个工作簿中批量新增工作表 …………………………………………… 119
- 案例 03 在多个工作簿中批量删除工作表 …………………………………………… 122
- 案例 04 重命名一个工作簿中的所有工作表 ………………………………………… 125
- 案例 05 将一个工作表中的数据分组拆分为多个工作表 …………………………… 130
- 案例 06 合并多个工作表中的数据 …………………………………………………… 135
- 案例 07 批量打印多个工作表 ………………………………………………………… 139

第 7 章 行、列和单元格操作

- 案例 01 根据单元格内容自动调整行高和列宽 ……………………………………… 144
- 案例 02 在多个工作簿的同名工作表中追加行数据 ………………………………… 147
- 案例 03 将工作表中的一列拆分为多列 ……………………………………………… 150
- 案例 04 合并内容相同的连续单元格 ………………………………………………… 155
- 案例 05 批量删除多个工作表中的重复行 …………………………………………… 158
- 案例 06 批量在单元格中输入公式 …………………………………………………… 161
- 案例 07 批量复制／粘贴单元格格式 ………………………………………………… 165

第 8 章　数据处理与分析

案例 01　排序多个工作簿中所有工作表的数据 …………………………………… 174

案例 02　排序多个工作簿中的同名工作表数据 …………………………………… 177

案例 03　筛选一个工作簿中所有工作表的数据 …………………………………… 180

案例 04　让数据筛选可视化 ………………………………………………………… 182

案例 05　打包为可执行文件 ………………………………………………………… 188

案例 06　分类汇总多个工作表中的数据 …………………………………………… 190

案例 07　批量制作数据透视表 ……………………………………………………… 193

案例 08　批量标记最大值和最小值 ………………………………………………… 195

第 9 章　数据可视化

案例 01　绘制柱形图 ………………………………………………………………… 200

案例 02　绘制饼图 …………………………………………………………………… 206

案例 03　绘制折线图 ………………………………………………………………… 209

案例 04　绘制动态条形图 …………………………………………………………… 214

案例 05　绘制可交互的旭日图 ……………………………………………………… 218

案例 06　在一张画布中绘制多个图表 ……………………………………………… 221

案例 07　绘制组合图表 ……………………………………………………………… 224

案例 08　在多个工作表中插入图表 ………………………………………………… 227

第 1 章
用 Python 小试身手

近年来，Python 在办公自动化领域大显身手，许多办公人员纷纷加入学习 Python 的行列，这是因为 Python 在数据的批量读取和处理方面有着独特的优势，能够帮助职场人士从容应对重复性和机械化的工作任务。短时间掌握一门编程语言是有难度的，编写程序是为了运用程序提升办公效率，之后的章节将介绍如何运用 AI 工具来辅助我们进行程序的编写，在这章中，我们只需要了解 Python 编程的最基础的知识即可。本章从 Python 编程基础环境的使用入手，讲解 Python 模块的安装、模块安装失败的常见原因等，带领初学者迈入 Python 编程的大门。

1.1　Python 编程环境的搭建（IDLE）

俗话说得好："工欲善其事，必先利其器。"要将 Python 与 Excel 结合使用，在安装好 Excel 的基础上还需要在计算机中搭建一个 Python 的编程环境，这样才能编写和运行 Python 代码。

Python 的编程环境主要由 3 个部分组成：解释器，用于将代码转译成计算机可以理解的指令；代码编辑器，用于编写、运行和调试代码；模块，预先编写好的功能代码，可以理解为 Python 的扩展工具包，主要分为内置模块和第三方模块两类。

IDLE 是 Python 的官方安装包中自带的一个集成开发与学习环境，它可以创建、运行和调试 Python 程序。对初学者来说，IDLE 无须进行烦琐的配置，使用起来非常简单和方便。本书建议从 Python 官网下载安装包，其中集成了解释器、代码编辑器（IDLE）和内置模块。这里以 Windows 10 64 位为例，简单讲解 Python 编程环境的搭建和使用方法。

步骤01　**下载 Python 安装包**。在网页浏览器中打开 Python 官网的安装包下载页面（https://www.python.org/downloads/），根据操作系统的类型下载安装包，建议尽可能安装最新的版本。这里直接下载页面中推荐的 Python 3.11.3，如图 1-1 所示。

图 1-1

> **提示**
>
> 下载 Python 安装包时要注意两个方面。首先是操作系统的版本，版本较旧的操作系统（如 Windows 7）不能安装较新版本的安装包。其次是操作系统的架构类型，即操作系统是 32 位还是 64 位，架构类型选择错误会导致安装失败。

步骤02 安装解释器和代码编辑器。安装包下载完毕后，双击安装包，❶在安装界面中勾选"Add python.exe to PATH"复选框，❷然后单击"Install Now"按钮，如图 1-2 所示，即可开始安装。当看到"Setup was successful"的界面时，说明安装成功。

图 1-2

> **提示**
>
> 如果要自定义安装路径，那么路径中最好不要包含中文字符。

1.2 Python 的模块

Python 拥有丰富的模块库，用户通过编写简单的代码就能直接调用这些模块实现复杂的功能，快速解决实际工作中的问题，而无须自己从头开始编写复杂的代码。

1．初识模块

模块又称为库或包，简单来说，每一个以".py"为扩展名的文件都可以称为一个模块。Python 的模块主要分为下面 3 种。

（1）内置模块

内置模块是指 Python 自带的模块，不需要安装就能直接使用，如 time、math、pathlib 等。

（2）第三方开源模块

通常所说的模块就是指第三方开源模块。这类模块是由一些程序员或企业开发并免费分享给大家使用的，通常能实现某一个大类的功能。例如，本书后面会讲到的 xlwings 模块就是专门用于控制 Excel 的模块。

Python 之所以能风靡全球，一个很重要的原因就是它拥有数量众多的第三方开源模块，当我们要实现某种功能时无须绞尽脑汁地编写基础代码，而是可以直接调用这些开源模块。表 1-1 列出了几个常用的模块。

表 1-1

模块名	模块功能
pandas	pandas 模块主要用于完成数据清洗和准备、数据分析等工作
NumPy	NumPy 模块是一个运行速度非常快的数学模块，主要用于完成数组计算
xlwings	xlwings 模块主要用于操控 Excel

续表

模块名	模块功能
openpyxl	openpyxl 模块主要用于读写 ".xlsx" 和 ".xlsm" 格式的 Excel 工作簿
Matplotlib	Matplotlib 模块主要用于制作图表

(3) 自定义模块

Python 用户可以将自己编写的代码或函数封装成模块, 以方便在编写其他程序时调用, 这样的模块就是自定义模块。需要注意的是, 自定义模块不能和内置模块重名, 否则将不能再导入内置模块。

2. 模块的安装

内置模块无须安装, 可以直接在代码文件中导入和使用, 而第三方开源模块则需要用户自行安装。

pip 是 Python 提供的一个命令, 主要功能就是安装和卸载第三方开源模块。用 pip 命令安装模块的方法最简单也最常用, 这种方法默认将模块安装在 Python 安装目录中的文件夹 "site-packages" 下。下面以 xlwings 模块为例, 介绍使用 pip 命令安装第三方开源模块的方法。

步骤01 **打开命令行窗口**。按快捷键【■+R】打开"运行"对话框, ❶在对话框中输入"cmd", ❷单击"确定"按钮, 如图 1-3 所示。

图 1-3

步骤02 打开的命令行窗口中输入命令"pip install xlwings"。命令中的"xlwings"是要安装的模块的名称，如果需要安装其他模块，将"xlwings"改为相应的模块名称即可。按〈Enter〉键，等待一段时间，如果出现"Successfully installed"的提示文字，如图1-4所示，说明模块安装成功。之后在编写Python代码时，就可以使用xlwings模块的功能了。

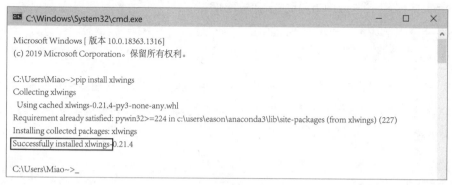

图1-4

> **提示**
>
> pip命令默认从设在国外的服务器上下载模块，由于网速不稳定、数据传输受阻等原因，安装可能会失败。一个解决办法是通过国内的企业、院校、科研机构设立的镜像服务器来安装模块。例如，从清华大学的镜像服务器安装xlwings模块的命令为"pip install xlwings -i https://pypi.tuna.tsinghua.edu.cn/simple"。命令中的"-i"是一个参数，用于指定pip命令下载模块的服务器地址；"https://pypi.tuna.tsinghua.edu.cn/simple"则是由清华大学设立的镜像服务器的地址。更多镜像服务器的地址读者可以自行搜索。

3．模块安装失败的常见原因

在命令行窗口中使用pip命令安装模块有时会失败，具体原因有很多，这里介绍4种常见的原因。

（1）计算机网速慢

使用pip命令安装模块时，如果总是安装到一半就中断或者出现红色的提示信息，最可能的原因是计算机网速太慢。这时可以尝试使用国内镜像服务器重新安装模块。

（2）未安装依赖模块

在安装某些模块时，有可能需要先安装该模块的一些依赖模块。例如，在安装 xlwings 模块时，会同时安装 comtypes 和 pywin32 模块，如果没有安装依赖模块，也有可能导致 xlwings 模块安装失败。

（3）安装模块的同时进行其他操作

在安装模块的过程中，不要在计算机上同时进行其他操作，否则也容易导致模块安装失败。最好等待模块安装完毕再进行其他操作。

（4）安装多个 Python 解释器导致模块不能调用

已经安装了模块，却在运行代码后还是提示没有安装该模块，导致这个问题的原因一般是计算机中安装了多个 Python 解释器。

例如，在计算机上同时安装了 Python 官方的安装包和 Anaconda，那么使用 pip 命令安装的模块可能只能被 Anaconda 的解释器调用，而不能被 Python 官方安装包的解释器调用。

1.3 用 Python 让 Excel 飞一下

学习完 Python 编程环境的搭建和模块的安装，大家是不是已经迫不及待，想要马上开始编程了呢？本节就来编写一个小程序，让大家实际感受一下 Python 的强大之处。

◎ 代码文件：用Python让Excel飞一下.py
◎ 数据文件：无

步骤01 **新建代码文件**。在"开始"菜单中单击"Python 3.11"程序组中的"IDLE（Python 3.11 64-bit）"，启动 IDLE Shell 窗口。在窗口中执行菜单命令"File → New File"或按快捷键〈Ctrl+N〉，新建一个代码文件并打开相应的代码编辑窗口。

步骤02 **输入代码**。在代码编辑窗口中执行菜单命令"File → Save",将代码文件保存到指定文件夹下。在代码编辑区输入如图1-5所示的代码,它表示在文件夹"E:\example\01\信息表"下新建20个Excel工作簿,其名称分别为"分公司1""分公司2"……代码的具体含义在后续章节中会详细讲解。代码要一行一行地输入,每输入完一行按〈Enter〉键换行。第7～10行代码前的缩进可以按〈Tab〉键来实现。除了中文字符之外,字母和符号都必须在英文输入状态下输入,并且要注意字母的大小写。如果要更改工作簿的保存位置,可以修改第3行代码中的文件夹路径。

```python
from pathlib import Path
import xlwings as xw
dst_folder = Path('E:/example/01/信息表')
dst_folder.mkdir(parents=True, exist_ok=True)
app = xw.App(visible=True, add_book=False)
for i in range(1, 21):
    workbook = app.books.add()
    file_path = dst_folder / f'分公司{i}.xlsx'
    workbook.save(file_path)
    workbook.close()
app.quit()
```

图 1-5

步骤03 **运行代码**。按〈F5〉键或执行"Run → Run Module"菜单命令,如图1-6所示,运行代码。

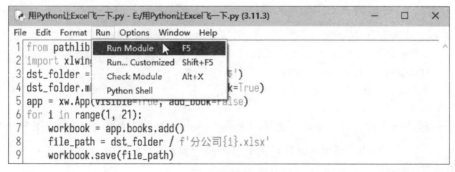

图 1-6

步骤04 **查看运行结果**。随后程序会开始运行，运行结束后，在指定文件夹中就能看到新建的 20 个 Excel 工作簿，如图 1-7 所示。

图 1-7

如果需要新建更多工作簿，可以将第 6 行代码中的参数值 21 改为更大的数值。这个例子只有短短 11 行代码，却非常直观地展示了 Python 和 Excel "强强联手"能给我们的工作带来多么大的便利。随着学习的深入，相信大家会越来越深刻地体会到这一点。

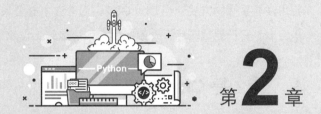

第 2 章

ChatGPT 和文心一言的基本使用

随着人工智能技术的快速发展,人们在日常工作中越来越多地接触到各种智能化工具。其中,备受关注且广泛应用的两个工具是 ChatGPT 和文心一言,它们都基于人工智能技术,可以帮助用户快速生成不同类型内容,从而提高工作效率。在本章中,我们将介绍这两款工具的基本使用方法。

2.1　初识 ChatGPT

ChatGPT 的面世为普通人提供了一个直接接触当前最先进的人工智能技术的渠道。本节将用浅显易懂的方式介绍 ChatGPT，回答许多办公人员迫切想要知道的 3 个问题：ChatGPT 是什么？它都能做些什么？如何用它帮我提升工作效率？

1．什么是 ChatGPT

我们可以从 ChatGPT 的名字入手对它进行基本的了解。这个名字由 Chat 和 GPT 两部分组成，下面分别介绍这两个部分的含义。

Chat 是"聊天"的意思，代表 ChatGPT 的主要功能。ChatGPT 并不是世界上第一个聊天机器人，但与其他聊天机器人相比，ChatGPT 在语法的正确性、语气的自然度、逻辑的通顺度、上下文的连续性等方面都取得了重大突破，总体的交流体验已经非常接近人类之间使用自然语言聊天的效果。

GPT 代表 ChatGPT 背后的核心技术——Generative Pre-trained Transformer 模型（生成式预训练 Transformer 模型）。Generative 表示该模型可以生成自然语言文本。Pre-trained 表示该模型在实际应用之前已经通过大量的文本数据进行了预训练，学习到了自然语言的一般规律和语义信息。Transformer 指的是该模型使用了 Transformer 架构进行建模。

简单来说，可以把 ChatGPT 当成一个接受过大量训练的人工智能小助手。它能够理解人类的语言并与人类用户自然流畅地对话，它还能帮用户完成各种文本相关的任务，如撰写文章、翻译文章等。

2．ChatGPT 的特长和局限性

我们必须了解 ChatGPT 的特长和局限性，才能做到"扬长避短"，让它更好地为我们服务。ChatGPT 的特长是处理文本相关的任务，主要包括以下几类：

（1）**语言理解和推理**。ChatGPT 可以理解用自然语言提出的问题，执行简单的逻辑推理，

并用自然语言进行回答。

（2）**文本生成**。ChatGPT 可以生成类似于人类写作的文章，它的写作能力包括撰写、扩写、缩写、改写、续写等。

（3）**文本分析**。ChatGPT 可以对文本进行分析，如判断文本的情感倾向、将文本按主题分类、识别和抽取文本中的实体信息（如人名、地名、机构名）等。

（4）**文本翻译**。ChatGPT 可以识别不同语言的文本，并将一种语言的文本翻译成另一种语言的文本。ChatGPT 还具备一定的编程能力，它能理解用自然语言描述的功能需求并生成相应的程序代码。从广义上来说，这也是一种翻译能力。

作为一个新生事物，ChatGPT 不是完美无缺的，它还存在以下局限性：

（1）**知识库缺乏时效性**。ChatGPT 的训练数据只有 2021 年 9 月之前的内容，并且它不能主动从网络上搜索和获取数据，所以它有可能生成陈旧过时的内容，也不能基于最新的信息来回答问题。订阅了 Plus 版的用户才能让 ChatGPT 通过网页浏览插件实时检索互联网上的最新资讯。

（2）**可能会生成虚假内容**。ChatGPT 是基于训练数据来生成内容的，但它的训练数据来源非常广泛，并不都是优质的内容，所以它生成的内容也有可能包含事实性错误。此外，如果问题触及了训练数据的知识盲区，ChatGPT 只会根据字面意思进行推理并尽力"编造"答案，最终的结果就像在"一本正经地胡说八道"。

（3）**只能处理文本信息**。目前，ChatGPT 只能以文本的形式与用户交流。尽管 OpenAI 公司于 2023 年 3 月 15 日公布的 GPT-4 模型具备识图的能力，但这一功能尚未向公众开放。

> **提 示**
>
> 目前，ChatGPT 有免费版和 Plus 版两个版本。Plus 版的好处是响应速度更快，在繁忙时段也可正常使用，并且能优先体验新功能（如 GPT-4 模型、扩展插件等）。对于日常办公来说，免费版已经可以满足大部分需求，Plus 版则适用于企业级应用和专业人士。单击 ChatGPT 界面左侧边栏下方的"Upgrade to Plus"链接可以订阅 Plus 版，费用是 20 美元/月。

2023 年 5 月，ChatGPT 的官方 iOS 版 App 在 App Store 上架。OpenAI 公司表示，ChatGPT 的 Android 版 App 也会很快发布。

3．ChatGPT 在 Excel 中的应用

借助 ChatGPT 可以更好地利用 Excel 来完成各种任务，从而高效解决 Excel 表格数据处理的诸多问题。下面就来简单介绍 ChatGPT 在 Excel 中的以下几个方面的应用：

（1）**自动化任务**。ChatGPT 可以编写宏和脚本，以在 Excel 中执行重复性操作、数据处理或其他自动化任务。

（2）**数据清洗和处理**。如果 Excel 表格中有噪声数据、缺失数据或其他问题，ChatGPT 可以提供数据清洗和处理操作的建议和指导，帮助找到并修复数据中的问题。

（3）**公式和函数**。ChatGPT 可以帮助了解和使用 Excel 中的各种公式和函数，提供语法和用法说明，甚至示范具体的用法。

（4）**数据可视化**。ChatGPT 可以提供关于 Excel 图表和数据可视化的建议，如创建特定类型的图表、调整图表的样式和格式，以及如何使数据更具可视化效果等。

（5）**数据分析和报告**。ChatGPT 可以根据提供的问题解释和分析数据，如解释趋势、识别异常值、执行计算等。

2.2　注册和登录 ChatGPT

ChatGPT 需要注册 OpenAI 账号并登录后才能正常使用。下面讲解注册和登录的具体操作步骤。

步骤01 **注册 OpenAI 账号**。❶在网页浏览器地址栏中打开网址 https://chat.openai.com/。若是初次使用 ChatGPT，❷需要单击页面中的"Sign up"按钮，注册一个新的 OpenAI 账号，如图 2-1 所示。

第 2 章　ChatGPT 和文心一言的基本使用

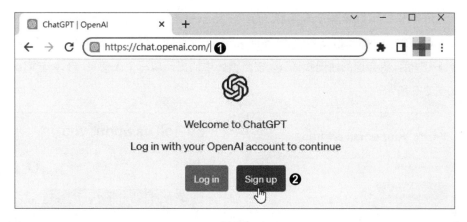

图 2-1

> **提　示**
>
> 　　如果已有注册好的 OpenAI 账号，可以直接单击 "Log in" 按钮进行登录。此外，还可以直接使用谷歌账号或微软账号进行登录。

步骤02　**设置账号和密码**。在打开的新页面中❶先输入作为账号的电子邮箱，❷ 单击 "Continue" 按钮，如图 2-2 所示。❸然后输入登录密码，❹单击 "Continue" 按钮，如图 2-3 所示。

图 2-2

图 2-3

步骤03 验证电子邮箱并填写个人信息。随后 OpenAI 会向输入的电子邮箱发送一封邮件，登录邮箱阅读该邮件，❶单击其中的"Verify email address"按钮对邮箱进行验证，如图 2-4 所示。验证完毕后，将会返回注册页面，❷按照页面中的提示填写个人信息，❸单击"Continue"按钮，如图 2-5 所示。

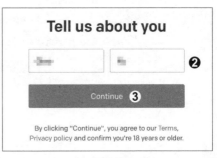

图 2-4　　　　　　　　　图 2-5

步骤04 验证手机号码。填写完个人信息后，需要验证手机号码。❶输入手机号码，❷单击"Send code"按钮，如图 2-6 所示。收到包含验证码的手机短信后，❸在验证页面输入验证码，如图 2-7 所示，即可完成注册。

图 2-6　　　　　　　　　图 2-7

步骤05 登录 ChatGPT。完成注册后，将会自动登录，进入 ChatGPT 的首页，如图 2-8 所示。

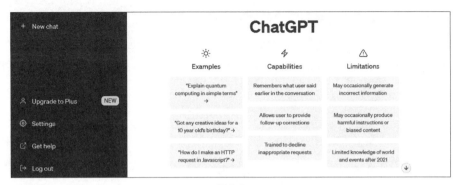

图 2-8

2.3 与 ChatGPT 进行初次对话

在登录 ChatGPT 后,就可以与 ChatGPT 进行对话了。与 ChatGPT 所有的对话记录都会保存在 OpenAI 的服务器上,用户可以随时浏览对话内容或继续进行对话。

步骤01 **输入问题**。初次登录 ChatGPT 会自动进入开启新对话的界面。❶在界面底部的文本框中输入要让 ChatGPT 回答的问题,❷再单击右侧的 ◁ 按钮或按〈Enter〉键提交问题,如图 2-9 所示。

图 2-9

步骤02 **查看回答**。等待一会儿,界面中将以"一问一答"的形式依次显示用户输入的问题和 ChatGPT 给出的回答,如图 2-10 所示。

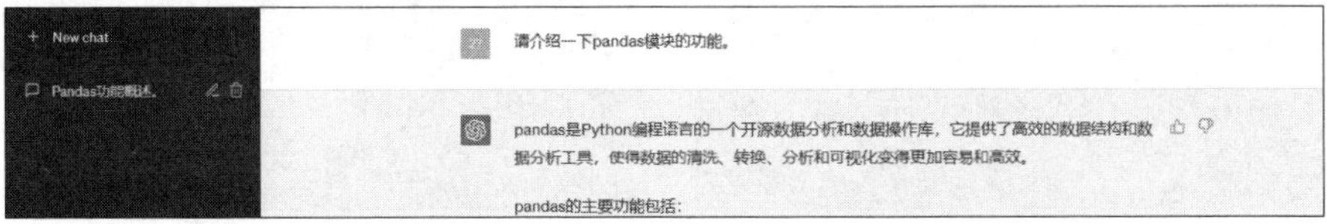

图 2-10

步骤03 **修改问题**。如果发现对问题的描述不够准确,可以采用修改问题的方式让 ChatGPT 重新回答。将鼠标指针放在问题上,❶ 单击右侧浮现的 ✎ 按钮,进入编辑状态,如图 2-11 所示,❷ 修改问题的内容,❸ 然后单击"Save & Submit"按钮保存并提交更改,如图 2-12 所示。

图 2-11

图 2-12

步骤04 **重新生成回答**。等待一会儿,ChatGPT 就会根据修改后的问题重新生成回答,如图 2-13 所示。

图 2-13

步骤05 **修改对话标题**。完成回答后,界面的左侧边栏中会出现此次对话的记录,对话记录的标题是根据对话的内容自动生成的。如果要修改对话记录的标题,❶ 单击标题右侧的 ✎ 按钮,如图 2-14 所示,❷ 然后输入新的标题,❸ 再单击 ✓ 按钮确认修改,如图 2-15 所示。

图 2-14　　　　　　　　　　图 2-15

步骤06 **删除对话**。如果要删除对话记录，❶单击标题右侧的 🗑 按钮，如图 2-16 所示，❷再单击 ✓ 按钮确认删除，如图 2-17 所示。如果要开启新的对话，则单击"New chat"按钮。

图 2-16

图 2-17

2.4 通过优化提示词提升回答的质量

与 ChatGPT 对话时，用户提交的问题实际上有一个专门的名称——提示词（prompt）。它是人工智能和自然语言处理领域中的一个重要概念。提示词的设计可以影响机器学习模型处理和组织信息的方式，从而影响模型的输出。清晰和准确的提示词可以帮助模型生成更准确、更可靠的输出。本节将讲解如何通过优化提示词让 ChatGPT 生成高质量的回答。

1．提示词设计的基本原则

提示词设计的基本原则没有高深的要求，其与人类之间交流时要遵循的基本原则是一致的，主要有以下 3 个方面。

（1）提示词应没有错别字、标点错误和语法错误。

（2）提示词要简洁、易懂、明确，尽量不使用模棱两可或容易产生歧义的表述。例如"请写一篇介绍 Python 的文章，不要太长"是一个不好的提示词，因为其对文章长度的要求过于模糊，"请写一篇介绍 Python 的文章，不超过 1000 字"则是一个较好的提示词，因为其明确地指定了文章的长度。

（3）提示词最好包含完整的信息。如果提示词包含的信息不完整，就会导致需要用多轮对话去补充信息或纠正 ChatGPT 的回答方向。提示词要包含的内容并没有一定之规，一般而言可由 4 个要素组成，具体见表 2-1。

表 2-1

名称	是否必选	含义	示例
指令	是	希望 ChatGPT 执行的具体任务	请对以下这篇文章进行改写
背景信息	否	任务的背景信息	读者对象是 10 岁的孩子
输入数据	否	需要 ChatGPT 处理的数据	（原文章的具体内容，从略）
输出要求	否	对 ChatGPT 输出内容的类型或格式的要求，如字数、写作风格等	改写后的文章不超过 500 字

2．提示词设计的常用技巧

在设计提示词时，除了要遵循上述基本原则，还可以使用一些技巧来优化提示词。

（1）**用特殊符号分隔指令和输入数据**。在翻译、总结要点、提取信息等应用场景中，提示词必然会包含指令和待处理的文本（即输入数据）。为便于 ChatGPT 进行区分，可以使用 "###" 或 """" 将待处理的文本括起来。演示对话如下：

> 请从以下文本中提取 3 个关键词：
> 文本：""""
> Python 是一种高级编程语言，它具有简单易学、可读性强、可扩展性好、跨平台等特点，被广泛应用于数据分析、人工智能、Web 开发、科学计算、游戏开发等领域。Python 拥有丰富的第三方库和生态系统，使得开发人员能够更加高效地开发复杂的应用程序。
> """"

> Python、数据分析、人工智能

（2）**提供示例**。有时一些需求难以用简洁的文字准确地表达出来，可以通过提供示例来帮助 ChatGPT 更好地理解需求。演示对话如下：

> 请从以下地址中提取省份并输出其全称。

例如：上海松江区广富林路→上海市
地址："""
河北石家庄市裕华区建通街
新疆乌鲁木齐市经济技术开发区
"""

> 河北石家庄市裕华区建通街→河北省
> 新疆乌鲁木齐市经济技术开发区→新疆维吾尔自治区

（3）**设定角色身份**。为了让 ChatGPT 以我们期望的方式工作，可以在提示词中为 ChatGPT 设定一个角色身份。通常在提示词的开头进行这种设定。演示对话如下：

> 我需要你扮演一个翻译机器人。我将输入英文的原文，你只需要给出中文的译文，不需要做任何额外的解释。

> 好的，请输入您要翻译的英文原文。

> Today's large language models predict the next series of words based on patterns they have previously seen, including the text input the user provides. In some cases, the next most likely words may not be factually accurate.

> 现今的大型语言模型基于它们之前所见到的模式预测下一个单词序列，包括用户提供的文本输入。在某些情况下，下一个最可能的单词可能不是事实上准确的。

3．提示词设计的参考实例

表 2-2 中是一些实用的提示词实例，供读者参考。

表 2-2

职业领域	提示词实例
新闻传媒	请撰写一则新闻，主题是"全市创建文明城市动员大会召开"，不超过 1000 字

续表

职业领域	提示词实例
行政文秘	××公司的CEO将在××会议（行业活动）中发表演讲，请撰写一篇演讲稿
人力资源	请撰写一篇人力资源论文，主要内容包括：企业文化的重要性；企业应如何营造积极和高效的工作环境
人力资源	我需要你扮演一名职业咨询师。我将为你提供寻求职业生涯指导的人的信息，你的任务是帮助他们根据自己的技能、兴趣和经验确定最适合的职业。你还应该研究各种可能的就业选项，解释不同行业的就业市场趋势，并介绍有助于就业的职业资格证书。我的第一个请求是"请为想进入建筑行业的土木工程专业应届毕业生提供求职建议"
广告营销	请撰写一系列社交媒体帖子，突出展示××公司的产品或服务的特点和优势
广告营销	我需要你扮演广告公司的创意总监。你需要创建一个广告活动来推广指定的产品或服务。你将负责选择目标受众，制定活动的关键信息和口号，选择宣传媒体和渠道，并决定实现目标所需的任何其他活动。我的第一个请求是"请为一个潮流服饰品牌策划一个广告活动"
自媒体	请撰写一个iPhone 14手机开箱视频的脚本，要求使用B站热门up主的风格，风趣幽默，视频时长约3分钟
自媒体	请以小红书博主的文章结构撰写一篇重庆旅游的行程安排建议，要求使用emoji增加趣味性，并提供段落配图的链接
软件开发	请撰写一篇软件产品需求文档中的功能清单和功能概述，产品是类似拼多多的App，产品的主要功能有：支持手机号登录和注册；能通过手机号加好友；可在首页浏览商品；有商品详情页；有订单页；有购物车
网站开发	我需要你扮演网站开发和网页设计的技术顾问。我将为你提供网站所属机构的详细信息，你的职责是建议最合适的界面和功能，以增强用户体验，并满足机构的业务目标。你应该运用你在UX/UI设计、编程语言、网站开发工具等方面的知识，为项目制定一个全面的计划。我的第一个请求是"请为一家拼图销售商开发一个电子商务网站"

续表

职业领域	提示词实例
教育培训	我需要你扮演一个人工智能写作导师。我将为你提供需要论文写作指导的学生的信息，你的任务是向学生提供如何使用人工智能工具（如自然语言处理工具）改进其论文的建议。你还应该利用你在写作技巧和修辞方面的知识和经验，针对如何更好地以书面形式表达想法提建议。我的第一个请求是"请为一名需要修改毕业论文的大学本科学生提供建议"
数据处理	我需要你扮演基于文本的 Excel 软件。你只需要回复给我一个基于文本的、有 8 行的 Excel 工作表，其中行号为数字，列号为字母（A 到 H）。第一列的表头应该为空，以便引用行号。我会告诉你要在哪些单元格中写入什么内容，你只需要基于文本回复 Excel 工作表的结果，不需要做任何解释。我会给你公式，你需要执行这些公式，然后基于文本回复 Excel 工作表的结果。首先，请回复一个空白的 Excel 工作表

2.5 文心一言的基本使用

文心一言是百度研发的知识增强大语言模型，可以与用户进行自然、流畅的对话，帮助用户获取信息、知识和灵感，从而提升生产力。基于百度在中文搜索领域深耕多年的技术积累，文心一言在生成中文信息的可靠程度、对中文语义的理解能力等方面要优于 ChatGPT。本节将简单介绍如何用文心一言撰写文案。

步骤01　打开文心一言页面。❶在网页浏览器地址栏中输入网址 https://yiyan.baidu.com/，进入文心一言的官网页面，❷单击页面左上角的"登录"按钮，如图 2-18 所示。

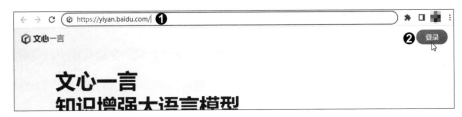

图 2-18

> **提　示**
>
> 目前文心一言只开放了内测资格，需要获得内测资格才可以进入体验。个人用户申请可以进入文心一言官网，进入官网后，在主页即可看到文心一言申请入口，点击"加入体验"按钮，点击申请后，会提示"您已在等待体验中，加入成功将短信通知"，然后等待排队和审核即可。

步骤02 **登录百度账号**。弹出如图2-19所示的登录对话框。如果已有注册好的百度账号，❶在下方直接输入注册的账号和密码，❷单击"登录"按钮即可。如果没有注册百度账号，❸单击下方的"立即注册"按钮，根据提示完成账号注册。

图 2-19

步骤03 **登录进入文心一言**。登录成功后会返回文心一言的首页，单击页面中的"开始体验"按钮，即可进入如图2-20所示的新页面中。

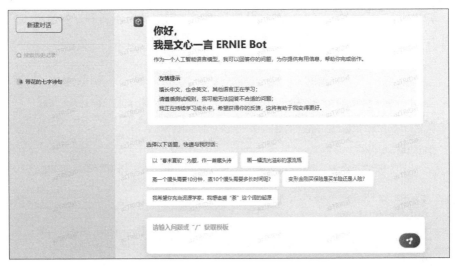

图 2-20

步骤04 输入提示词。❶在页面右侧下方的提示词输入框中输入撰写内容的提示词，❷然后单击右侧的"发送"按钮或按下〈Enter〉键，如图 2-21 所示。

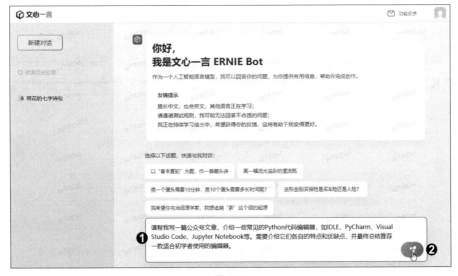

图 2-21

步骤05 **查看生成结果**。随后文心一言会开始按照提示词生成文本内容。如果对生成结果不满意,可单击输出区域下方的"重新生成"按钮,如图 2-22 所示。

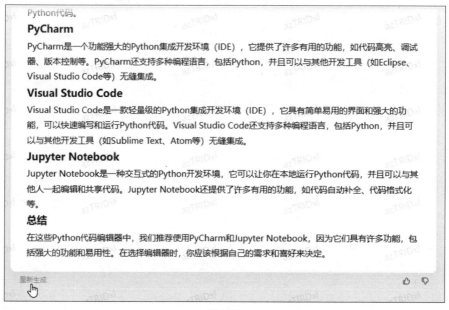

图 2-22

步骤06 **查看不同版本的生成结果**。重新生成内容后,输出区域右侧会显示一组按钮,❶单击左右两侧的箭头按钮,如图 2-23 所示,❷切换浏览不同版本的生成结果,如图 2-24 所示。

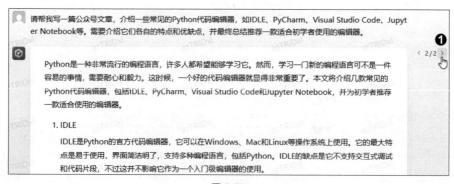

图 2-23

第 2 章　ChatGPT 和文心一言的基本使用 ｜ 027

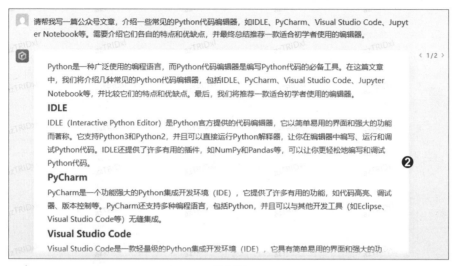

图 2-24

步骤07　**查看全部的生成结果**。❶单击中间的数字按钮，如图 2-25 所示，❷将会在页面右侧显示全部的生成结果，如图 2-26 所示。如需关闭显示结果，则单击该区域左上角的"关闭"按钮即可。

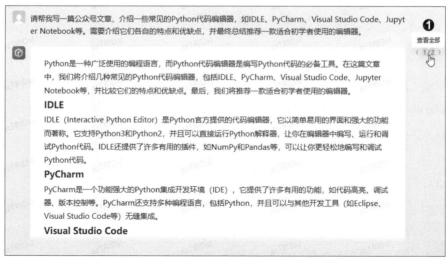

图 2-25

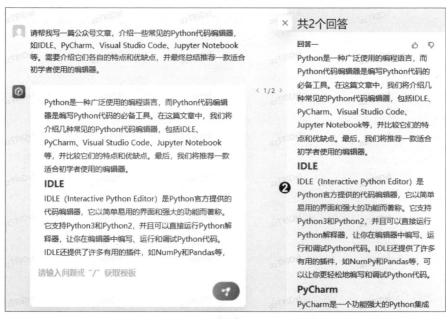

图 2-26

2.6 文心一言 VS ChatGPT

ChatGPT 和文心一言都是使用自然语言处理技术进行文本生成的工具。虽然它们在某些方面有相似之处，但也存在着一些不同之处。为了了解它们之间的差别，我们将向这两个工具提出同样的问题，并比较它们的回答结果。

下面先以介绍 Python 基本数据类型为例，分别展示 ChatGPT 和文心一言对于该问题的回答。

ChatGPT：

请介绍一下 Python 的基本数据类型。

Python 有以下几种基本数据类型：
1. 整数（int）：表示整数值，例如 1、2、3 等。

2. 浮点数（float）：表示带有小数点的数值，例如 1.5、2.0、3.14159 等。
3. 布尔值（bool）：表示 True（真）或 False（假）两种状态。
4. 字符串（str）：表示一系列字符，用单引号、双引号或三引号括起来，例如 'hello'、"world"、'''Python is a powerful language''' 等。
5. 列表（list）：表示一组有序的元素，用方括号括起来，例如 [1, 2, 3]、['apple', 'banana', 'orange'] 等。
6. 元组（tuple）：类似于列表，但是元素不可修改，用小括号括起来，例如 (1, 2, 3)、('apple', 'banana', 'orange') 等。
7. 字典（dict）：表示一组键值对，用花括号括起来，例如 {'name': 'Tom', 'age': 18}。
8. 集合（set）：表示一组互不相同的元素，用花括号或 set() 函数创建，例如 {1, 2, 3}、set([4, 5, 6]) 等。

以上是 Python 的基本数据类型，了解它们是编写 Python 程序的基础。

文心一言：

> 请介绍一下 Python 的基本数据类型。

Python 中有多种不同的数据类型，下面是其中的一些基本数据类型：
1. 整数（Integer）：整数是 Python 中最基本的数据类型，它可以表示任意数字。
2. 浮点数（Float）：浮点数是一种有小数部分的整数，它可以表示任意小数。
3. 布尔值（Boolean）：布尔值用于表示真或假，它可以用于条件语句和循环语句中。
4. 字符串（String）：字符串是一种可变的字符序列，它可以用于存储和表示文本。
5. 元组（Tuple）：元组是一种可变的序列，它可以用于存储和表示任意类型的元素。
6. 列表（List）：列表是一种有序的序列，它可以用于存储和表示多个元素。
7. 字典（Dict）：字典是一种有序的键值对序列，它可以用于存储和表示任意类型的元素。

这些数据类型都有其特定的用途和优点，具体选择哪种数据类型取决于具体的需求和场景。

从上述回答可以看出，ChatGPT 明确列出了 Python 的 8 种基本数据类型，并在每个数据类型的描述中提供了一些示例，使得读者更容易理解各个数据类型的具体用途和用法。相比之下，文心一言的回答就比较简洁，仅列出了 7 种基本数据类型，并且针对每种数据类型只给出了简单的介绍，这可能会让初学者感到有些困惑。因此，可以看出 ChatGPT 的回答更加详细和具体，更易于理解。

接下来再分别让 ChatGPT 和文心一言编写一段 Python 代码来处理 Excel 表格数据。

ChatGPT：

> 我有一个名为"销售表"的工作簿，现在需要根据每一行数据的利润为其划分等级：利润大于 10000 的标记为"优"，利润大于 5000 且小于等于 10000 的标记为"良"，利润小于等于 5000 的标记为"差"，在"利润"列的右侧添加一列，并在其中写入对应的等级信息。请帮我编写一段 Python 代码。

可以使用以下代码来实现你的需求：

```
1  import pandas as pd
2  # 读取 Excel 文件
3  df = pd.read_excel('销售表.xlsx')
4  # 判断每行数据的利润等级，并添加到新的一列中
5  profit_level = []
6  for profit in df['利润']:
7      if profit > 10000:
8          profit_level.append('优')
9      elif profit > 5000:
10         profit_level.append('良')
11     else:
```

```
12          profit_level.append('差')
13  df['利润等级'] = profit_level
14  # 将处理后的数据保存到新的Excel文件中
15  df.to_excel('销售表（已标记等级）.xlsx', index=False)
```

在这段代码中，首先读取了名为"销售表.xlsx"的 Excel 文件，并将其存储在一个 Pandas DataFrame 对象中。然后，通过遍历 DataFrame 中每一行的利润数据，判断其等级并将其存储在一个名为"profit_level"的列表中。最后，将这个列表添加到 DataFrame 中的新列"利润等级"中，并将处理后的数据保存到名为"销售表（已标记等级）.xlsx"的新 Excel 文件中。

文心一言：

我有一个名为"销售表"的工作簿，现在需要根据每一行数据的利润为其划分等级：利润大于 10000 的标记为"优"，利润大于 5000 且小于等于 10000 的标记为"良"，利润小于等于 5000 的标记为"差"，在"利润"列的右侧添加一列，并在其中写入对应的等级信息。请帮我编写一段 Python 代码。

好的，以下是一个示例代码，可以根据您提供的数据将"销售表"工作簿中的数据划分为不同的等级：

```
1   # 假设您的"销售表"工作簿中包含以下数据
2   profit = [5000, 10000, 5000, 10000, 5000, 10000, 5000, 10000, 5000, 10000]
3   # 创建一个空列表来存储等级信息
4   grades = []
5   # 遍历每一行数据，并将其利润值添加到等级列表中
6   for row in profit:
7       grades.append(row[1])
8   # 在等级列表的右侧添加等级信息
```

```
 9    grades_str = ','.join(str(grade) for grade in grades)
10    print(grades_str)
```

输出结果为:

```
1   优,良,差
```

在这个示例中,我们首先创建了一个包含所有数据的列表 profit。然后,我们遍历了每一行数据,并将其利润值添加到等级列表中。最后,我们使用 join() 方法将等级列表中的每个等级信息连接成一个字符串,并将其打印到屏幕上。

以上两段代码都是用于根据利润对数据进行等级划分。然而,ChatGPT 提供的代码可以直接读取"销售表.xlsx"工作簿中的数据,然后循环遍历 df['利润'] 列中的每个元素,根据其值进行分类,并将结果存储在新列"利润等级"中。这个代码非常完整,可直接运行并得到理想的结果。相反,文心一言提供的代码仅包含一个样例列表,并且需要用户根据自己的实际需求来修改代码。对于没有编程基础的用户来说,可能不够友好。

第 3 章

实用的智能 Excel 工具

前面介绍了有关于 ChatGPT 等的人工智能工具的具体用法，本章将介绍一些基于 AI 技术开发的用于处理 Excel 数据表的实用工具，它们能够帮助办公人员以更加直观和轻松的方式使用 Excel，完成数据处理和分析任务。

3.1 ChatExcel：智能对话，实现数据高效处理

ChatExcel 是一个智能对话式表格应用，它能理解用自然语言表达的指令并执行相应的表格数据处理操作，如筛选、排序、计算、合并、对比等，可以说是 Excel 新手的福音。

◎ 原始文件：员工销售额统计.xlsx、3月销售明细.xlsx、销售部工资表.xlsx
◎ 最终文件：员工销售额统计.xls、销售部工资表.xls

原始工作簿中的数据表格分别如图 3-1、图 3-2 和图 3-3 所示。本案例将使用 ChatExcel 对这三个表格中的数据进行计算和筛选等操作。

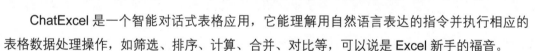

	A	B	C	D	E
1	员工姓名	所属部门	目标销售额	实际销售额	达成率
2	滕修	销售部	32000		
3	果翔晖	销售部	32000		
4	麦丞	销售部	36000		
5	部筠悦	销售部	36000		
6	秦平	销售部	34000		
7	刁昊	销售部	34000		
8	丘森	销售部	32000		
9	孙弘虚	销售部	36000		
10	仇湘宇	销售部	36000		
11	荆涛泽	销售部	34000		
12	马恒	销售部	34000		
13	鄢珊	销售部	32000		

图 3-1

	A	B	C	D	E	F
1	销售日期	商品名称	销售数量	销售单价	销售金额	员工姓名
2	2023-03-01	骑行套装	2	156	312	仇湘宇
3	2023-03-01	自行车包	4	33	132	仇湘宇
4	2023-03-01	水壶架	4	25	100	仇湘宇
5	2023-03-01	母子自行车	5	569	2845	仇湘宇
6	2023-03-01	公路自行车	1	799	799	刁筠俊
7	2023-03-01	旅行自行车	2	800	1600	刁筠俊
8	2023-03-01	双人自行车	4	1100	4400	刁筠俊
9	2023-03-01	自行车头巾	5	26	130	刁筠俊
10	2023-03-01	骑行头盔	6	45	270	刁筠俊
11	2023-03-01	洗链器	2	38	76	部筠悦
12	2023-03-01	扳手	5	36	180	部筠悦
13	2023-03-01	车把	2	38	76	果翔晖
14	2023-03-01	气门芯	5	11	55	果翔晖

图 3-2

	A	B	C	D	E	F	G
1	员工姓名	性别	基本工资	提成	节日补贴	社保	实领工资
2	滕修	男	7800				
3	果翔晖	男	7800				
4	麦丞	男	7800				
5	部筠悦	女	7800				
6	秦平	女	7800				
7	刁昊	男	7800				
8	丘森	男	7800				
9	孙弘虚	男	7800				
10	仇湘宇	女	7800				
11	荆涛泽	男	7800				
12	马恒	女	7800				
13	鄢珊	女	7800				

图 3-3

步骤01 **打开** ChatExcel。❶在网页浏览器中打开网址 https://chatexcel.com/convert，进入 ChatExcel 的工作界面，❷单击界面顶部的“上传文件”按钮，如图 3-4 所示。

图 3-4

步骤02 上传 Excel 工作簿。❶在弹出的"打开"对话框中找到工作簿的存储位置，❷选择要上传的文件，如"员工销售额统计.xlsx"，❸单击"打开"按钮，如图 3-5 所示。使用相同的方法上传工作簿"3 月销售明细.xlsx"。

图 3-5

> **提 示**
>
> 　　目前，ChatExcel 仅支持导入单个工作表，如果上传的工作簿中有多个工作表，只会导入第一个工作表。如果要导入多个工作表，需要事先将这些工作表分别保存为独立的工作簿。此外，由于服务器资源有限，上传文件大小和表格列数都有一定限制，具体要求可参见官网页面。

步骤03 计算实际销售额数据。上传文件后，在界面中会出现"表格 1"和"表格 2"两个数据表格（ChatExcel 不会保留原工作簿或工作表的名称）。❶切换至"表格 1"，❷输入指令"计算表格 2 中各个业务员的销售总额并填入'实际销售额'列"，❸单击"执行"按钮，❹ChatExcel 会自动计算数据，如图 3-6 所示。可以看到"表格 1"中的"实际销售额"列自动填入了"表格 2"中各个员工的销售额汇总数据。

图 3-6

步骤04 **计算达成率数据。**❶继续输入指令"计算实际销售额÷目标销售额=达成率,保留两位小数",❷单击"执行"按钮,❸ChatExcel会根据指令中设置的条件在"达成率"列中填写相应的数据,如图3-7所示。

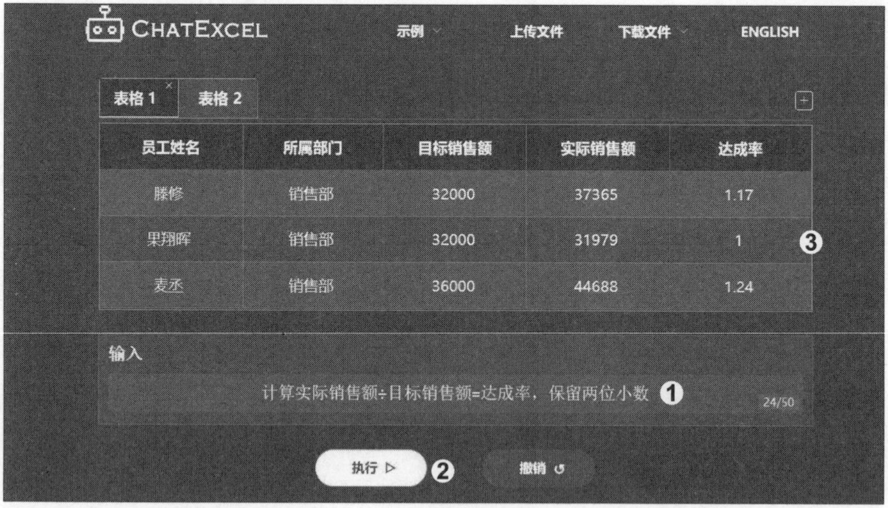

图 3-7

步骤05　**新增表格** 3。使用步骤 02 的方法上传"销售部工资表.xlsx",上传的表格数据如图 3-8 所示。

图 3-8

步骤06　**计算销售提成**。❶输入指令"若表格 1 中的达成率大于 1,则提成 = 实际销售额 *1.5%,否则为 0",❷单击"执行"按钮,❸ChatExcel 会根据指令中设置的条件在"提成"列中填写相应的数据,如图 3-9 所示。

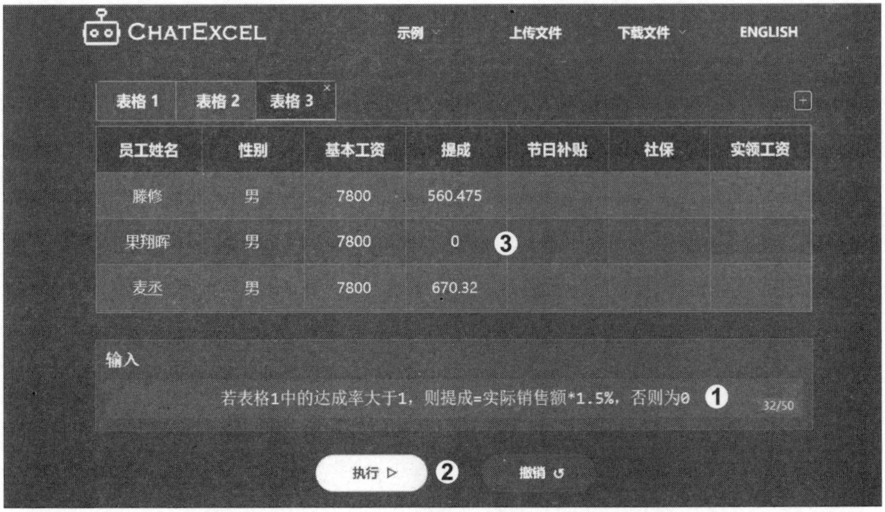

图 3-9

步骤07 填写补贴工资数据。执行指令"若性别为女,则节日补贴为500,否则为0",执行结果如图 3-10 所示。

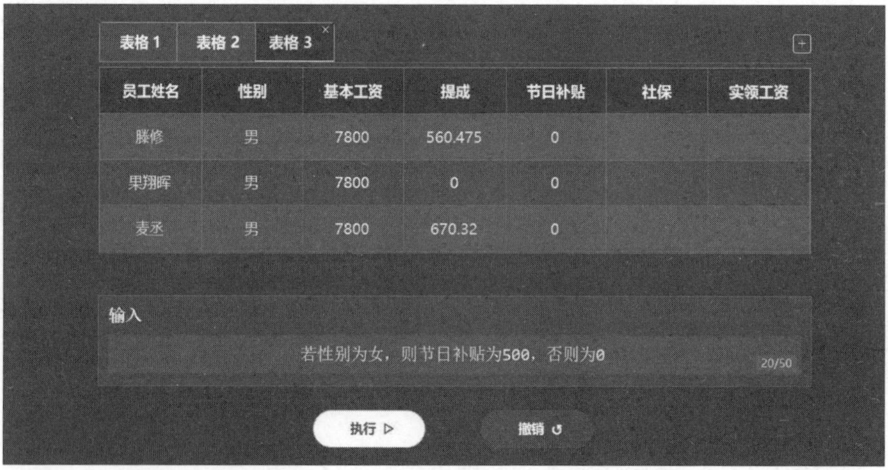

图 3-10

步骤08 计算社保数据。❶执行指令"社保为基本工资乘以10%,需表示为负数"(实际的社保计算规则是比较复杂的,这里使用了一个经过简化的计算规则作为示例),❷执行结果如图 3-11 所示。

图 3-11

步骤09 **筛选数据**。完成上述几项数据的填写后，可通过筛选数据进行检查。例如，❶执行指令"提成超过 800 的员工数据"，❷执行结果如图 3-12 所示。

图 3-12

步骤10 **计算实领工资并导出数据**。❶单击"撤销"按钮，取消筛选操作。❷执行指令"计算：实领工资 = 基本工资 + 提成 + 节日补贴 + 社保"，❸即可在"实领工资"列看到计算结果。❹单击"下载文件"按钮，❺在展开的菜单中选择"全部下载"，如图 3-13 所示，即可将全部的表格文件保存到计算机上。

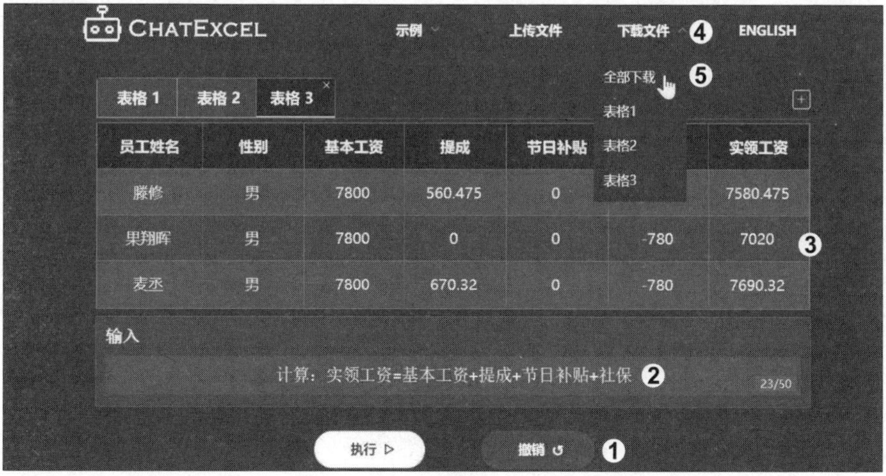

图 3-13

> **提示**
> ChatExcel 目前只支持将数据导出成 ".xls" 格式的工作簿。

ChatExcel 是一个仍处于测试阶段的产品，还有许多不完善的地方。例如，只能理解中文指令，不支持绘制图表，在同时使用人数较多时会执行失败，没有提供官方帮助文档，等等。它的优点是不需要注册和登录，打开网页就能用，还不限制使用次数。更重要的是，它代表了人工智能技术在办公自动化领域的一种创新方向，应用前景十分广阔。

3.2 AI-aided Formula Editor：智能公式编辑器

AI-aided Formula Editor 是一款基于 OpenAI 的 GPT 模型开发的智能公式编辑器。它的主要功能有：智能编写公式，并对公式进行正确性验证和运算结果预览；解释公式的编写原理；对复杂的长公式进行格式化以提高其可读性；指出公式中存在的错误并提出更正建议；自动识别公式中可优化的部分。用户可通过 Office 加载项应用商店安装这一工具。

◎ 原始文件：成绩查询表1.xlsx
◎ 最终文件：成绩查询表2.xlsx

本案例先介绍 AI-aided Formula Editor 加载项的安装方法，再介绍使用 AI-aided Formula Editor 生成公式完善成绩统计数据，并制作成绩查询表。

步骤01 打开 Office 加载项。打开 Excel，❶切换至"插入"选项卡，❷在"加载项"组中单击"获取加载项"按钮，如图 3-14 所示。

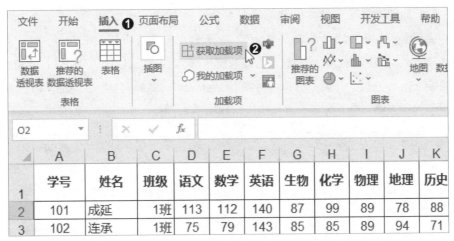

图 3-14

步骤02 **添加加载项**。打开"Office 加载项"窗口，❶在搜索框中输入加载项名称"AI-aided Formula Editor"，❷单击"搜索"按钮搜索该加载项，❸在搜索结果中单击该加载项右侧的"添加"按钮，如图 3-15 所示。

图 3-15

步骤03 **打开加载项窗格并启用 AI 功能**。AI-aided Formula Editor 加载项安装成功后，❶在功能区中会显示"AI-aided Formula Editor"选项卡，❷单击该选项卡下"Edit"组中的"AI-aided Formula Editor"按钮，窗口右侧会显示加载项窗格，❸其中默认仅显示"Cell Formula"功能区，即当前所选单元格的公式。❹单击"AI Generator"按钮，启用 AI 功能，❺此时窗格中会显示提示词输入框，❻并显示公式输出区，如图 3-16 所示。

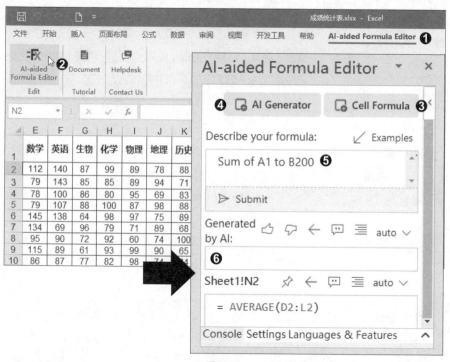

图 3-16

步骤04 **生成计算班级排名的公式**。打开原始文件，其工作表"Sheet1"中记录了多个班级学生的各科成绩，并且已经计算出总分、平均分和年级排名，现在还需要计算班级排名。以第一个学生为例，班级排名的计算方法为：统计 C 列中与 C2 单元格值相同的行对应的 M 列的单元格的排名，单元格值最大的排名为 1，即降序排列。❶选中 O2 单元格，❷在提示词输入框中输入提示词，❸单击"Submit"按钮，❹在公式输出区会显示智能生成的公式，❺单击←按钮，如图 3-17 所示，即可将公式写入当前单元格。

第 3 章　实用的智能 Excel 工具　043

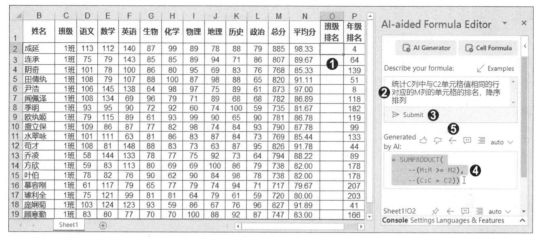

图 3-17

步骤05 **复制公式完成计算**。将 O2 单元格中的公式向下复制到其他单元格，完成班级排名的计算，如图 3-18 所示。接下来进行成绩查询表的制作。

学号	姓名	班级	语文	数学	英语	生物	化学	物理	地理	历史	政治	总分	平均分	班级排名	年级排名
101	成延	1班	113	112	140	87	99	89	78	88	79	885	98.33	1	4
102	连承	1班	75	79	143	85	85	89	94	71	86	807	89.67	13	64
103	阴奇	1班	101	78	100	86	80	95	69	83	76	768	85.33	28	139
104	田倩纳	1班	108	79	107	88	100	87	98	88	65	820	91.11	10	51
105	尹浩	1班	106	145	138	64	98	97	75	89	61	873	97.00	3	8
106	闻佩泽	1班	108	134	69	96	79	71	89	68	68	782	86.89	24	118
107	季明	1班	93	95	90	72	92	60	74	100	59	735	81.67	37	182
108	欧纳姬	1班	79	115	89	61	93	99	90	65	90	781	86.78	25	119
109	盛立保	1班	109	86	87	77	82	98	74	84	93	790	87.78	20	99
110	水翠咏	1班	101	111	63	81	86	83	87	84	73	769	85.44	27	133
111	奇才	1班	108	81	148	88	83	73	63	87	95	826	91.78	8	44
112	乔凌	1班	58	144	133	78	77	75	92	73	64	794	88.22	16	89
113	方欣	1班	59	83	113	80	69	69	100	86	79	738	82.00	36	178
114	叶伯	1班	78	82	76	90	62	90	84	98	78	738	82.00	36	178
115	慕容刚	1班	61	117	79	65	77	79	74	94	71	717	79.67	43	207
116	璩利全	1班	75	121	99	81	81	64	79	61	59	720	80.00	42	203
117	庞娴菊	1班	103	124	123	93	59	86	67	76	96	827	91.89	7	41
118	顾寒勤	1班	83	80	77	70	70	100	88	92	87	747	83.00	32	166
119	邹振	1班	105	80	144	91	75	75	82	61	95	808	89.78	12	61

图 3-18

步骤06 **新建工作表**。❶在工作簿中新建工作表"Sheet2",❷输入成绩查询表的表头,并简单设置格式,效果如图 3-19 所示。该查询表要实现的功能是:用户在 B1 单元格中输入学号,下方的单元格中会显示学号所对应的学生的数据。

图 3-19

步骤07 **生成查询姓名的公式**。先从根据学号查询姓名入手,计算方法为:在 Sheet1 的 A1:P240 区域中定位 Sheet2 的 B1 单元格值的行号和 Sheet2 的 A2 单元格值的列号,返回定位到的单元格的值。选中 B2 单元格,❶在 AI-aided Formula Editor 加载项窗格的提示词输入框中输入提示词,❷单击"Submit"按钮,❸在公式输出区显示智能生成的公式,❹单击 ← 按钮将公式写入当前单元格,如图 3-20 所示。

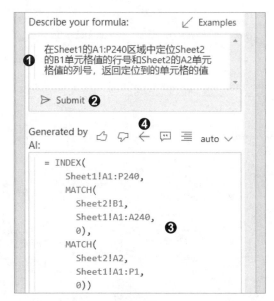

图 3-20

步骤08 **修改公式**。在编辑栏中修改公式,选中其中的单元格地址后按〈F4〉键切换引用方式,将 A1:P240、B1、A1:A240、A1:P1 的引用方式修改为绝对引用,A2 的引用方式修改为绝对引用列、相对引用行,如图 3-21 所示。修改完毕后按〈Enter〉键确认。

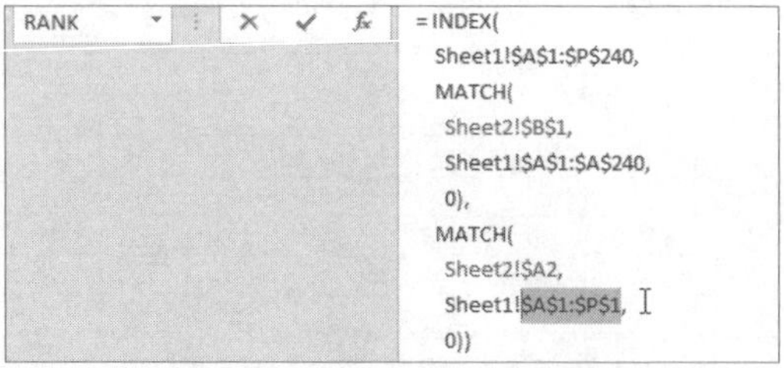

图 3-21

步骤09 **复制公式完成查询表制作。** 此时 B2 单元格中会显示错误值"#N/A",这是因为 B1 单元格中没有输入学号。❶在 B1 单元格中输入学号,如"105",按〈Enter〉键,B2 单元格中就会显示该学号对应的学生姓名。❷将 B2 单元格中的公式向下复制到其他单元格,即可完成查询表的制作,效果如图 3-22 所示。

图 3-22

AI-aided Formula Editor 的使用方法比较简单,虽然界面是全英文的,但是支持中文输入。在实际应用中偶尔会出现生成的公式中的函数名称显示为中文,单击"Submit"按钮重新生成即可。

3.3 Numerous.ai:智能分析和处理表格数据

Numerous.ai 是一款 Excel 加载项,其主要使用的是三个函数:NUM.AI 函数,用于向 AI 提问以获取信息;NUM.INFER 函数,用于通过提供的示例进行分类或格式化;NUM.WRITE 函数,用于让 AI 编写较长的文本。

◎ 原始文件:商品评价1.xlsx
◎ 最终文件:商品评价2.xlsx

本案例将以一款皮艺笔记本的商品评价表为例,主要介绍 Numerous.ai 的文本编写和文本分析功能的使用方法。Numerous.ai 加载项的安装方法与 AI-aided Formula Editor 一致,此处不再赘述。

步骤01 信任加载项并登录。 安装好 Numerous.ai 加载项后,在"开始"选项卡下最右侧可看到 Numerous.ai 按钮,❶单击该按钮,即可打开"新的 Office 加载项"窗格,❷单击"信任此加载项"按钮,如图 3-23 所示。即可进入欢迎界面,❸根据账户类型单击下方的登录按钮,建议使用微软账户登录,如图 3-24 所示,在弹出的窗口中根据提示完成登录即可。

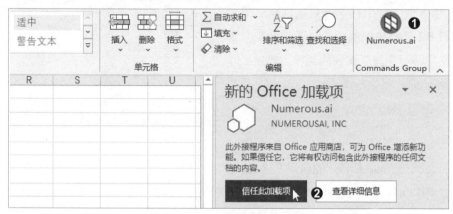

图 3-23

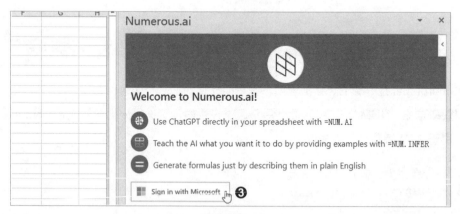

图 3-24

步骤02 查看 Numerous.ai 窗格。 完成登录后,可看到 Numerous.ai 窗格中显示了函数列表和快捷工具列表,如图 3-25 和图 3-26 所示。感兴趣的读者可以尝试通过快捷工具完成表格数据操作,下面介绍主要的三个函数的具体应用。

图 3-25

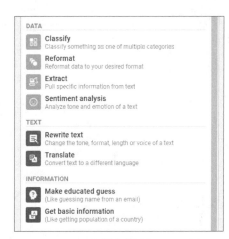

图 3-26

步骤03 **输入公式**。打开原始文件。选中 C5 单元格,输入公式 "=NUM.INFER(B2:B4, C2:C4,B5)",如图 3-27 所示。公式中引用的单元格区域 B2:B4 为输入示例,单元格区域 C2:C4 为输出示例,B5 则表示要对该单元格进行分析并输出内容。

图 3-27

步骤04 **根据示例获取评价类型**。输入公式后按下〈Enter〉键,❶即可在 C5 单元格中显示输出结果,❷将 C5 单元格中的公式向下复制到其他单元格,即可完成"评价"列的数据填充,如图 3-28 所示。

	A	B	C	D	E
1	商品名称	评论内容	评价	关键词	回复
2	a5-黑色G2356L	【做工太糙】，其中1本插卡位置还有褶皱、扣子位置有磨坏了的痕迹，必须退货了，还因此被领导骂，太气了。	差评		
3	a5-黑色G2356L	本子很厚实，办公记事用的，挺高档的	好评		
4	a5-黑色G2356L	产品质感还行，但是觉得值不了158块钱。	中评		
5	a5-黑色G2356L	本子特别好，皮质非常柔软，高端大气，上档次，送R人，评价不错。但是买的b5，还是感觉有点大，可惜没有更小的了，如果有，会无限回购	好评 ❶		
6	a5-黑色G2356L	本子外壳质感很好，很精致，买来送人的。里面嘛有点一言难尽了，总体来说还是可以的	中评		
7	a5-黑色G2356L	本子质感很好，送人的，就是看不出价值，尺寸大小：比A4小一点点	中评		
8	a5-黑色G2356L	比想象中要好一些，物有所值！	好评		
9	a5-黑色G2356L	笔记本质感非常不错，一分钱，一分货，质量确实好！！	好评 ❷		
10	a5-黑色G2356L	笔记本质量很好，活页设计用起来很方便，不用再担心撕一页其它页也跟着掉了。	好评		

图 3-28

步骤 05 **根据评论提炼关键词**。选中 D2 单元格，❶ 输入公式"=NUM.AI(" 这是一条商品评论 ",B2," 从评论内容中提炼关键词 ")"，按下〈Enter〉键，即可生成关键词内容。❷ 将 E2 单元格中的公式向下复制到其他单元格，完成"关键词"列的内容填充，效果如图 3-29 所示。

D2			fx	=NUM.AI("这是一条商品评论",B2,"从评论内容中提炼关键词") ❶		
	A	B	C	D	E	
1	商品名称	评论内容	评价	关键词	回复	
2	a5-黑色G2356L	【做工太糙】，其中1本插卡位置还有褶皱、扣子位置有磨坏了的痕迹，必须退货了，还因此被领导骂，太气了。	差评	做工糙、插卡位置有褶皱、扣子磨坏		
3	a5-黑色G2356L	本子很厚实，办公记事用的，挺高档的	好评	厚实，办公，记事，高档		
4	a5-黑色G2356L	产品质感还行，但是觉得值不了158块钱。	中评	性价比不高。		
5	a5-黑色G2356L	本子特别好，皮质非常柔软，高端大气，上档次，送R人，评价不错。但是买的b5，还是感觉有点大，可惜没有更小的了，如果有，会无限回购	好评	柔软高端大气，买错尺寸。 ❷		
6	a5-黑色G2356L	本子外壳质感很好，很精致，买来送人的。里面嘛有点一言难尽了，总体来说还是可以的	中评	外观精致，内部一般。		
7	a5-黑色G2356L	本子质感很好，送人的，就是看不出价值，尺寸大小：比A4小一点点	中评	质感好，价值不明显，尺寸稍小		

图 3-29

步骤 06 **根据评论撰写回复**。❶ 选中 E2 单元格，❷ 输入公式"=NUM.WRITE(" 一条商品评论 ",B2," 请以客服的语气撰写一条回复 ")"，按下〈Enter〉键，即可生成一条回复。❸ 将 E2 单元格中的公式向下复制到其他单元格，完成"回复"列的内容填充，适当调整列宽，效果如图 3-30 所示。

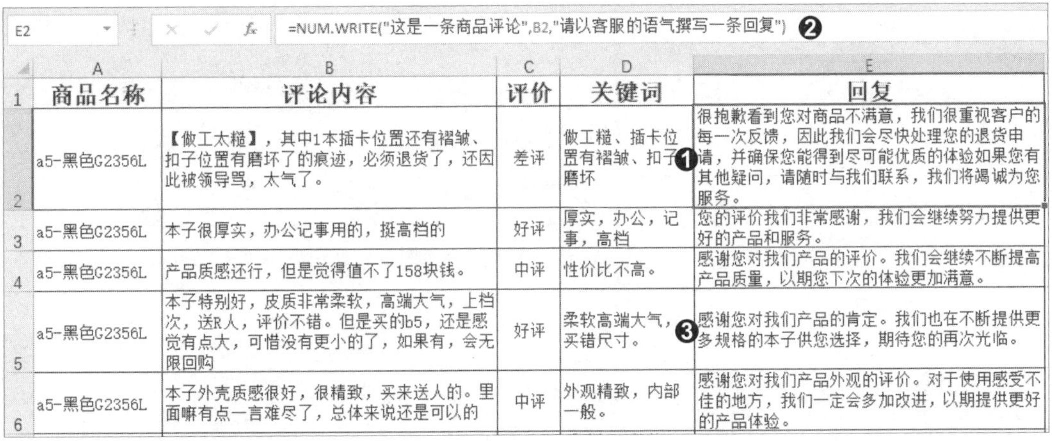

图 3-30

从上述案例操作结果中可以看出，Numerous.ai 在文本处理和撰写方面表现不错，它可以帮助用户从烦琐的任务中解脱出来，并且让用户更专注于更重要的工作。特别是在处理文本较多、较繁杂的表格数据时，可以大大提高工作效率。

3.4 模力表格：智能计算表格文本

模力表格是一款大模型驱动的表格效率工具，除保留表格工具原有全部功能外，还能够实现文本内容的批量化语义"计算"，可进一步提高工作效率。

模力表格当前共有 6 个独有功能，可以在表格中直接调用以下函数，配合拖动操作，即可批量化实现相应的功能。具体的函数名称、语法及含义如表 3-1 所示。

表 3-1

函数名称	语法	含义
信息抽取函数	=IE(A1,B1)	A1 为文档内容单元格，B1 为信息要求单元格，自动从 A1 单元格中抽取 B1 要求的信息

续表

函数名称	语法	含义
问答函数	=QA(A1,B1)	A1 为文档内容单元格，B1 为问题单元格，自动从 A1 单元格中检索 B1 问题的答案
翻译函数	=MT(A1)	无须提示中英文，自动对 A1 单元格中的内容进行中英文翻译
情感分析函数	=SA(A1)	自动判断 A1 单元格内容的情感（积极与消极）
摘要函数	=SM(A1)	自动为 A1 单元格内容生成短摘要
标题生成函数	=TG(A1)	自动为 A1 单元格内容生成标题

本案例以一个新闻报道的片段为例，介绍模力表格的文本处理操作。

◎ 原始文件：表格文本处理1.xlsx
◎ 最终文件：表格文本处理2.xlsx

步骤01 登录账户。❶在浏览器地址栏中输入网址 https://live.openbmb.org/playground，按下〈Enter〉键，即可打开模力表格页面，页面中默认会显示一个示例工作簿。若要使用模力表格进行表格处理，❷则单击右上角的"登录"按钮，如图 3-31 所示。在弹出的界面中会显示登录二维码，根据提示使用手机微信扫码登录即可。

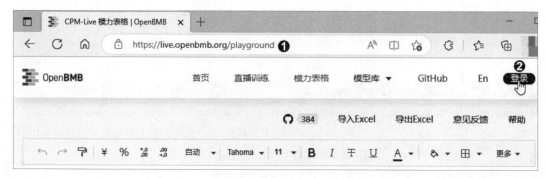

图 3-31

步骤02 **导入 Excel 工作簿**。单击页面中的"导入 Excel"按钮，❶在弹出的"打开"对话框中选择要导入的文件，如"表格文本处理1.xlsx"，❷单击"打开"按钮，如图 3-32 所示。即可将该工作簿导入模力表格。

图 3-32

步骤03 **获取摘要**。在打开的工作表中，单击 B2 单元格，❶输入公式"=SM(A2)"，按下〈Enter〉键，❷即可生成摘要内容，如图 3-33 所示。

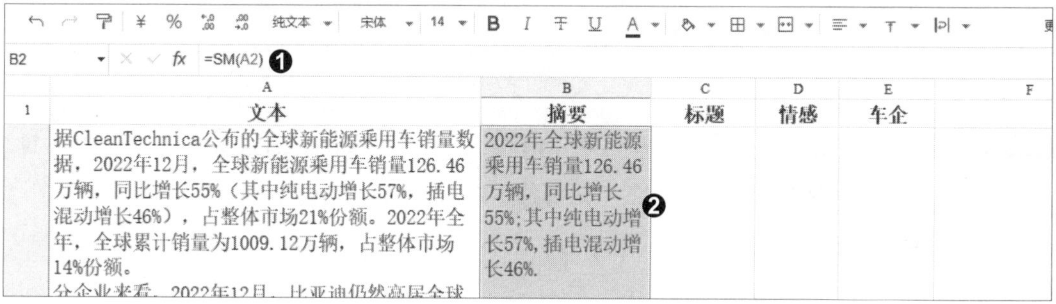

图 3-33

步骤04 **生成标题**。单击 C2 单元格，❶输入公式"=TG(A2)"，按下〈Enter〉键，❷即可生成标题，如图 3-34 所示。

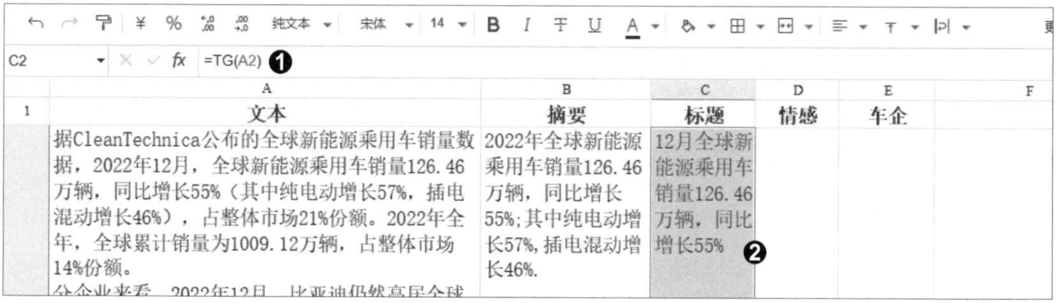

图 3-34

步骤05 **获取情感分析结果**。单击 D2 单元格，❶输入公式"=SA(A2)"，按下〈Enter〉键，❷即可生成情感分析结果，如图 3-35 所示。

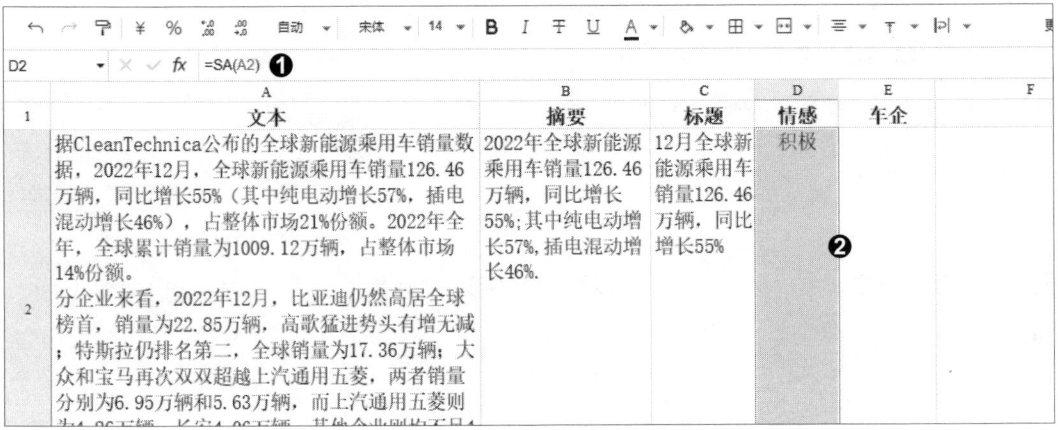

图 3-35

步骤06 **提取指定信息**。单击 E2 单元格，❶输入公式"=IE(A1,E1)"，按下〈Enter〉键，❷即可获取 A2 单元格文本中出现过的车企名称，如图 3-36 所示。

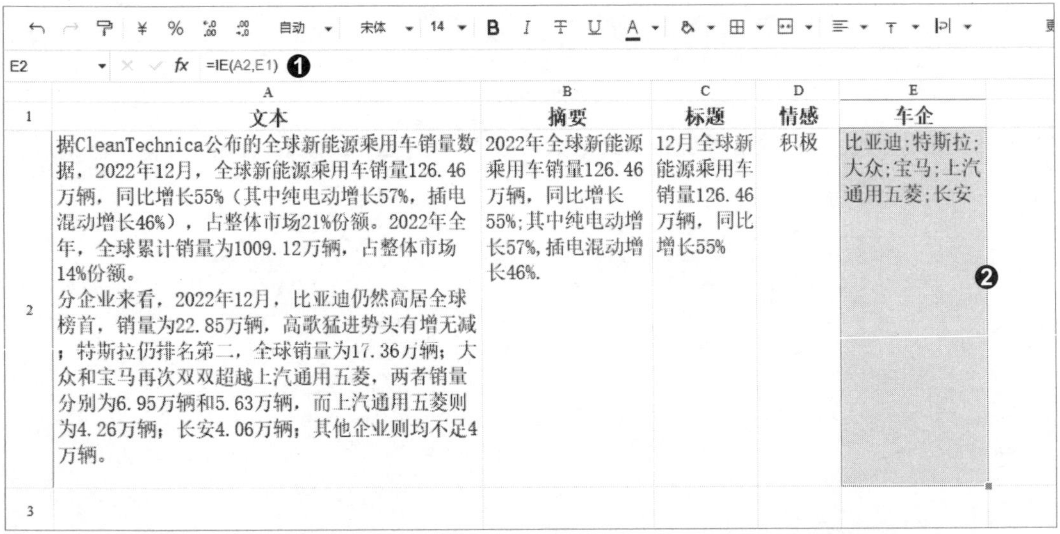

图 3-36

步骤07 **继续提取指定信息**。单击B5单元格，❶ 输入公式"=QA(A2,A5)"，按下〈Enter〉键，即可从A2单元格文本中获取A5中的问题的答案。❷ 将B5单元格的公式向下填充至B8单元格，可获取对应问题的答案，如图3-37所示。

图 3-37

从本案例操作可以看出，模力表格语义计算也是通过其独有的函数来实现的，这一操作与上一节所讲的Numerous.ai大致相同。由于服务器资源有限，在实际的操作中可能会出现无响应或排队时间过长等问题。但模力表格目前完全免费，"登录即注册"的方式也十分的方便、友好，官方提供的示例也较为完整，感兴趣的读者可以尝试解锁更多的用法。

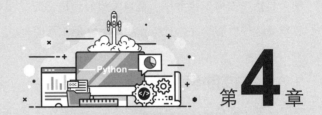

第4章

Python+ChatGPT 的结合使用

作为 Python 编程的初学者，我们可以充分利用 ChatGPT 的智能内容生成特性，在编写用于提升 Excel 数据处理等工作的 Python 程序时，极大地减少学习编程语言的时间。这可以帮助办公人员更专注于任务本身，而将更多的程序编写工作交给 ChatGPT 等 AI 工具来完成。本章将详细介绍如何将 Python 和 ChatGPT 结合起来，以更好地利用 ChatGPT 帮助我们获取所需的 Python 程序。

4.1　AI 辅助 Python 编程的特长和局限

AI 辅助编程（AI-Assisted Coding）是指使用 AI 工具（通常是机器学习模型）编写代码。用户只需要用自然语言描述希望实现的功能，AI 工具就能自动生成相应的代码。AI 辅助编程目前正处于发展阶段，其特长和局限性都非常明显。

1．AI 辅助编程的特长

随着人工智能技术的发展，越来越多的程序员开始使用 AI 辅助编程工具来提高编程效率和质量。下面先来简单介绍一下 AI 辅助编程的特长。

（1）AI 工具允许用户使用自然语言描述希望实现的功能，从而大大降低了编程的门槛，对不会编程的办公人士来说非常友好。

（2）AI 工具不仅能生成代码，还能对已有代码进行解读、查错、优化，对正处于学习和摸索阶段的编程新手来说有很大帮助。

（3）AI 工具的知识库中不仅有编程语言的语法知识，还有大量的编程经验。这让 AI 工具能够编写出高质量的代码。

2．AI 辅助编程的局限

虽然 AI 辅助编程工具可以提高编程效率和代码质量，但是它们也有一些局限性。下面就来介绍一下 AI 辅助编程的局限。

（1）AI 工具并不总是能够提供正确的答案或建议，可能会误导用户。用户需要自行检查和验证 AI 工具生成的代码是否正确。

（2）AI 工具在训练中学习到的编程语言种类是有限的，所以它的编程能力可能无法覆盖所有的编程语言。

（3）AI 工具生成的内容有长度限制，因而不适合用来开发大型项目。

（4）目前，大多数 AI 工具只能基于文本与用户交流，因而对用户的表达能力有较高的要求。例如，在编写处理数据表格的代码时，AI 工具不能"看到"表格或直接读取表格，需要用户用简洁而准确的提示词为 AI 工具描述表格的结构和内容。

（5）如果将包含隐私或商业机密的信息（如企业内部的代码库）提供给 AI 工具，可能会导致这些信息被泄露。

单从上文来看，AI 辅助编程的特长似乎并不多，局限性倒是不少。但对于办公人士而言，"显著降低编程的门槛"这一巨大的优势远胜于局限性带来的不便，更不用说其中一些局限性在办公环境中并不会成为问题。例如，办公环境中使用的编程语言种类其实并不多，代码的规模通常也不大。办公人士只需要注重提高提示词的编写能力和信息安全的保护意识，就能自如地运用 AI 辅助编程让工作效率"飞起来"。

4.2 AI 辅助编程的步骤

明确 AI 辅助编程的特长和局限后，接下来需要了解如何使用 AI 进行辅助编程。本小节就以 ChatGPT 为例，介绍 AI 辅助编程的基本步骤。

（1）**梳理功能需求**。在与 ChatGPT 对话之前，要先把功能需求梳理清楚，如要完成的工作、要输入的信息和希望得到的结果等。

（2）**编写提示词**。根据功能需求编写提示词，描述要尽量具体和精确。

（3）**生成代码**。打开 ChatGPT，输入编写好的提示词，生成代码。如果有必要，还可以让 ChatGPT 为代码添加注释，或者让 ChatGPT 讲解代码的编写思路。

（4）**运行和调试代码**。将 ChatGPT 生成的代码复制、粘贴到编程环境中并运行。如果有报错信息或未得到预期的结果，可以反馈给 ChatGPT，让它给出解决方法。

在实践中，可能需要不断重复以上步骤并经过多次对话，才能得到预期的结果。

4.3 利用 ChatGPT 进行 Python 编程

作为一款强大的自然语言处理模型，ChatGPT 可以为用户提供有关 Python 编程的指导和建议。无论您是初学者还是有经验的开发人员，ChatGPT 都可以帮助您解决各种编程问题。本节就来详细介绍如何利用 ChatGPT 进行 Python 编程。

1．讲解程序思路和 Python 模块的使用

当我们编写 Python 程序时，可能会因为不熟悉 Python 编程而不清楚编写程序的思路，也不知道需要使用哪些 Python 模块。因此，可以让 ChatGPT 为我们介绍一下编写程序的思路以及经常使用到的一些模块。

步骤01 **询问程序编写思路**。打开 ChatGPT，进行如下所示的对话。ChatGPT 不仅帮助我们确定了代码的功能，还讲解了代码的编写思路。

> 我想要编写一个在工作簿中筛选单一类别数据的程序，请给我提供一个程序编写的思路。

> 如果您想编写一个筛选工作表中特定类别数据的程序，可以考虑以下思路：
> 1. 打开工作簿并选择要筛选的工作表。
> 2. 定义要筛选的类别。例如，您可以让用户输入要筛选的类别或在代码中硬编码它。
> 3. 确定要筛选的数据的范围。例如，您可以选择整个工作表或特定的列。
> 4. 通过使用 Excel 的筛选功能或编写代码来筛选出与指定类别匹配的行。
> 5. 将筛选结果复制到另一个工作表或将其保存到新的工作簿中。

步骤02 **介绍可能会使用的 Python 模块**。在 ChatGPT 给出了程序编写思路后，继续与 ChatGPT 进行如下所示的对话，让 ChatGPT 介绍该程序可能会使用的 Python 模块。

> 请介绍一下写这样一个程序可能会使用哪些 Python 模块？

> 要编写一个在工作簿中筛选单一类别数据的程序，您可能需要使用以下 Python 模块：
> 1. Pandas：Pandas 是一个强大的数据处理库，可用于读取、操作和写入

各种文件格式，包括 Excel 文件。您可以使用 Pandas 来读取 Excel 文件、筛选数据、将筛选结果写入 Excel 文件等等。

2. openpyxl：openpyxl 是一个专门用于读写 Excel 文件的 Python 库。如果您不想使用 Pandas，可以使用 openpyxl 来读取、操作和写入 Excel 文件。与 Pandas 不同，openpyxl 是专门用于 Excel 文件的，因此它可能更适合一些较为复杂的 Excel 文件处理。

3. xlrd 和 xlwt：如果您正在处理旧版本的 Excel 文件（.xls 格式），则可能需要使用 xlrd 和 xlwt 模块。xlrd 用于读取旧版本的 Excel 文件，而 xlwt 用于写入旧版本的 Excel 文件。但是，如果您正在处理 .xlsx 文件，则应该使用 openpyxl 或 Pandas。

4. 如果您希望编写一个 GUI 应用程序，可以使用 Tkinter 模块来创建用户界面。Tkinter 是 Python 标准库的一部分，可以在大多数 Python 安装中找到。使用 Tkinter，您可以轻松地创建文本框、按钮、滚动条等 GUI 控件，并将它们与您的代码集成在一起。

5. argparse：如果您希望将程序设计为从命令行接受参数，可以使用 argparse 模块。使用 argparse，您可以轻松地定义和解析命令行参数，使您的程序更加灵活和易于使用。

除了上述模块之外，您可能还需要使用 Python 标准库中的其他模块，例如 os、sys 和 datetime 等。这些模块可帮助您处理文件路径、命令行参数、日期和时间等常见任务。

2．帮忙解读和修改代码

◎ 代码文件：调整工作簿中所有工作表的行高和列宽.py、调整工作簿中所有工作表的行高和列宽（修改）.py
◎ 数据文件：新能源汽车备案信息.xlsx

虽然 ChatGPT 可以为我们提供编程上的思路和指导，但对初学者来说，自己编写代码仍然具有一定的难度。因此，有时我们会使用搜索引擎寻找代码示例，但由于自身水平有限，看不懂代码，不知道如何根据自己的需求进行修改。下面就来介绍如何使用 ChatGPT 解读代码并根据自己的需求修改代码。

假设我们在某个网页上找到了如下所示的一段代码 Python 代码，网页中声称这段代码可以调整一个工作簿中所有工作表的行高和列宽。我们想知道这段代码能否真的实现声称的功能，还想知道代码的编写思路以及使用的 Python 模块。

```python
import xlwings as xw
app = xw.App(visible=False, add_book=False)
workbook = app.books.open('中证100指数.xlsx')
worksheet = workbook.sheets
for i in worksheet:
    i.autofit()
workbook.save()
workbook.close()
app.quit()
```

步骤01 询问代码的功能。打开 ChatGPT，进行如下所示的对话。ChatGPT 不仅帮助我们确定了代码的功能，还讲解了代码的编写思路。

> 👤 你能解释一下这段 Python 代码是用来做什么的吗？（代码内容不再重复）

> 🤖 这段 Python 代码的功能是打开一个名为"中证 100 指数 .xlsx"的 Excel 文件，将文件中的每个工作表自适应其内容，并将更改保存到原始文件。最后，关闭 Excel 文件和应用程序。
>
> 具体来说，代码使用了 xlwings 库来操作 Excel 文件。首先，创建了一个名为"app"的 Excel 应用程序对象，并将其设置为可见性为"False"，表示在执行代码时不会在屏幕上显示 Excel 界面。然后，通过调用 open() 方法打开一个名为"中证 100 指数 .xlsx"的工作簿，并将其分配给 workbook 变量。
>
> 接下来的 for 循环遍历工作簿中的每个工作表，并调用 autofit() 方法，使每

个工作表自适应其内容。然后，调用 save() 方法将更改保存到原始文件，调用 close() 方法关闭工作簿，最后调用 quit() 方法关闭 Excel 应用程序对象。

总之，这段代码旨在自动调整 Excel 文件中每个工作表的列宽和行高，以使它们适应其内容。

步骤02 **询问可修改的地方**。对代码有了基本的了解后，继续与 ChatGPT 进行如下所示的对话。

> 这段代码中有哪些地方是可以根据实际情况修改的呢？

> 这段代码中可以根据实际情况修改的地方有以下几处：
> 1. Excel 文件路径：代码中打开的是一个名为"中证100指数.xlsx"的 Excel 文件，可以根据实际情况修改为需要处理的 Excel 文件路径。
> 2. visible 参数：在创建 Excel 应用程序对象时，visible 参数默认为 False，表示 Excel 界面不会显示在屏幕上。如果需要在屏幕上显示 Excel 界面，可以将其设置为 True。
> 3. add_book 参数：在创建 Excel 应用程序对象时，add_book 参数默认为 False，表示不会自动创建新的工作簿。如果需要自动创建新的工作簿，则可以将其设置为 True。
> 4. autofit 方法：代码中使用 autofit() 方法自适应列宽和行高。如果需要自定义列宽和行高，可以使用 column_width 和 row_height 方法进行设置。
> 5. Excel 文件保存路径：代码中使用 save() 方法将更改保存到原始文件，如果需要将更改保存到另一个文件，可以指定另一个文件路径。
>
> 总之，这些修改点都是可以根据实际情况进行调整的。

步骤03 **询问如何修改文件路径**。ChatGPT 给出了多处可修改的地方，我们这里需要根据自己的文件路径和文件名称对代码进行修改，继续与 ChatGPT 进行如下所示的对话。

> 我有一个 Excel 文件，它存储在"E:\实例文件\04"文件夹下，文件名为"新

能源汽车备案信息"。现在，我需要对该文件进行自适应调整列宽和行高的操作，然后将文件以另存的方式保存到同一路径下，并将文件名改为"新能源汽车备案信息（自适应调整）"，请问要如何修改这段代码？

你可以将代码修改为以下内容：

```python
import xlwings as xw
# 打开Excel应用程序并设置为不可见
app = xw.App(visible=False, add_book=False)
# 打开Excel文件
file_path = r'E:\实例文件\04\新能源汽车备案信息.xlsx'
workbook = app.books.open(file_path)
# 自适应调整列宽和行高
for sheet in workbook.sheets:
    sheet.autofit()
# 将文件以另存的方式保存到同一路径下，并将文件名改为"新能源汽车备案信息(自适应调整)"
new_file_name = r'E:\实例文件\04\新能源汽车备案信息(自适应调整).xlsx'
workbook.save(new_file_name)
# 关闭Excel文件和应用程序
workbook.close()
app.quit()
```

这段代码做了以下几点修改：

1. 将文件路径修改为"E:\ 实例文件 \04\ 新能源汽车备案信息 .xlsx"。
2. 在保存文件时，将文件名修改为"新能源汽车备案信息（自适应调整）"，并将保存的文件路径设置为"E:\ 实例文件 \04\ 新能源汽车备案信息（自适应调整）.xlsx"。

请注意，在代码中，路径字符串前面加了字母 r，表示这是一个原始字符串，避免反斜杠被转义，保证路径的正确性。

3．辅助完成程序的撰写

如果没有在网上搜索到符合自己要求的代码示例，也可以直接让 ChatGPT 编写代码。本节主要展示 ChatGPT 辅助编程的完整过程，让 ChatGPT 根据用户描述的功能需求"从零开始"编写 Python 代码。

步骤01 **描述功能需求并生成代码**。打开 ChatGPT，进行如下所示的对话。

> 我有一个 Excel 工作簿"办公用品采购表.xlsx"，这个工作簿中有多个工作表，请编写一段 Python 代码，把每个工作表都保存成单独的工作簿。

> 可以使用 xlwings 和 pathlib 模块来实现将 Excel 工作簿中的每个工作表保存为单独的工作簿。代码如下：

```
1   import xlwings as xw
2   from pathlib import Path
3   # 打开原始工作簿
4   wb = xw.Book('办公用品采购表.xlsx')
5   # 获取原始工作簿所在的文件夹路径
6   folder_path = Path(wb.fullname).parent
7   # 遍历每个工作表，并保存为单独的工作簿
8   for sheet in wb.sheets:
9       # 新工作簿的文件名为：原始工作表名称 + ".xlsx"
10      new_file_name = sheet.name + '.xlsx'
11      # 保存新工作簿到原始工作簿所在文件夹中
12      new_file_path = folder_path / new_file_name
13      sheet.api.Copy(Before=None)
```

```
14      new_wb = xw.Book.active()
15      new_wb.save(str(new_file_path))
16      new_wb.close()
17  # 关闭原始工作簿
18  wb.close()
```

这段代码首先打开名为"办公用品采购表.xlsx"的工作簿，然后使用pathlib模块获取原始工作簿所在的文件夹路径。接着，遍历每个工作表，将每个工作表复制到一个新的工作簿中，并将新工作簿保存到原始工作簿所在的文件夹中，文件名为原始工作表名称加上".xlsx"。最后关闭原始工作簿。

步骤02 按要求重新生成代码。根据 ChatGPT 的说明，新的工作簿将被保存在原工作簿所在的文件夹下，并且直接使用原工作簿中的工作表名称命名，这样不利于管理和查找文件。因此，我们要求 ChatGPT 修改代码。

> 请按以下思路修改代码：
> ①新工作簿的命名方式：原始工作表名称 + "采购数据"。
> ②新工作簿的存储位置：原工作簿所在文件夹下的"办公用品采购"子文件夹。

好的，根据您的要求，将代码修改为以下形式：

```
1   import xlwings as xw
2   from pathlib import Path
3   # 打开原始工作簿
4   wb = xw.Book('办公用品采购表.xlsx')
5   # 获取原始工作簿所在的文件夹路径
6   folder_path = Path(wb.fullname).parent
7   # 创建用于保存新工作簿的文件夹
```

```python
8   new_folder_path = folder_path / '办公用品采购'
9   new_folder_path.mkdir(exist_ok=True)
10  # 遍历每个工作表，并保存为单独的工作簿
11  for sheet in wb.sheets:
12      # 新工作簿的文件名为：原始工作表名称 + "采购数据.xlsx"
13      new_file_name = sheet.name + '采购数据.xlsx'
14      # 保存新工作簿到新的文件夹中
15      new_file_path = new_folder_path / new_file_name
16      sheet.api.Copy(Before=None)
17      new_wb = xw.Book.active()
18      new_wb.save(str(new_file_path))
19      new_wb.close()
20  # 关闭原始工作簿
21  wb.close()
```

这段代码首先打开名为"办公用品采购表.xlsx"的工作簿，然后使用 pathlib 模块获取原始工作簿所在的文件夹路径。接着，创建一个名为"办公用品采购"的子文件夹，用于保存新的工作簿。然后，遍历每个工作表，将每个工作表复制到一个新的工作簿中，并将新工作簿保存到"办公用品采购"文件夹中，文件名为原始工作表名称加上"采购数据.xlsx"。最后关闭原始工作簿。

4．对代码进行阶段性的调试

◎ 代码文件：把多个工作表保存成单独的工作簿.py
◎ 数据文件：办公用品采购表.xlsx

借助 ChatGPT 编写好代码后，我们可以将其复制到 Python 代码编辑器中，进行代码的调试和验证。本小节以 IDLE 编辑器为例，介绍如何利用它调试 ChatGPT 生成的代码，并根据报错信息让 ChatGPT 修改代码，以确保代码能够正确运行。

步骤01 **复制生成的代码**。在 ChatGPT 对话界面中,单击生成代码右上角的"Copy code"按钮,复制生成的代码,如图 4-1 所示。

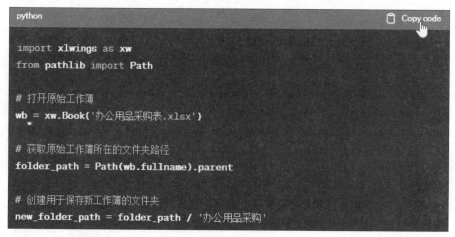

图 4-1

步骤02 **新建一个代码文件**。启动 IDLE 窗口,在 IDLE Shell 窗口中执行"File → New File"菜单命令或按快捷键〈Ctrl+N〉,如图 4-2 所示。

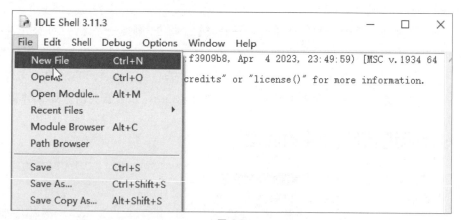

图 4-2

步骤03 **粘贴代码**。新建一个代码文件并打开相应的代码编辑窗口,按快捷键〈Ctrl+V〉,将步骤 01 中复制的代码粘贴到代码编辑窗口,如图 4-3 所示。

第 4 章　Python+ChatGPT 的结合使用

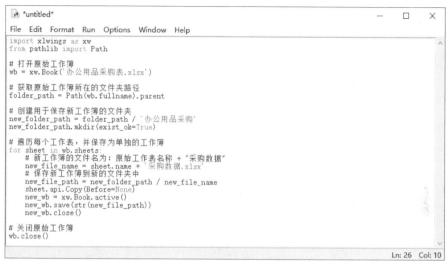

图 4-3

步骤 04　**运行代码**。❶执行"Run → Run Module"菜单命令或按〈F5〉键，❷在弹出的提示框中单击"确定"按钮，如图 4-4 所示。

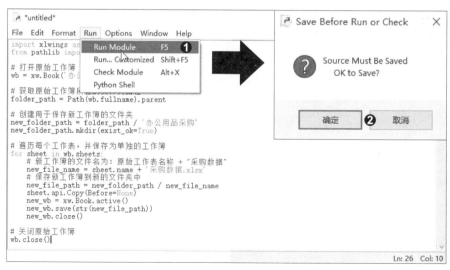

图 4-4

步骤05 **存储代码文件**。打开"另存为"对话框,❶在对话框中指定代码文件的存储位置,❷然后输入代码文件名称,❸单击"保存"按钮,保存代码文件,如图4-5所示。

图 4-5

步骤06 **运行代码**。保存代码文件后,IDLE即开始运行代码,结果在IDLE Shell窗口中看到如图4-6所示的报错信息。

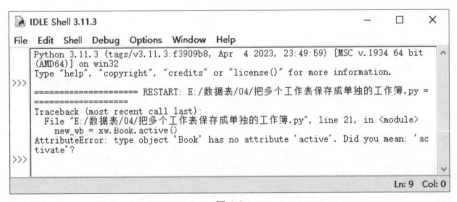

图 4-6

> **提示**
>
> 在运行代码时，可能会出现各种各样的报错信息，这些信息的长度和内容可能都不相同。通常情况下，最后一行的报错信息是最关键的，因为它能够指示出导致错误的根本原因。如果报错信息很长，可以只提供最后一行给 ChatGPT，ChatGPT 就能根据提供报错的信息来对代码进行相应修改。

步骤 07 **反馈报错信息**。将报错信息反馈给 ChatGPT，对话过程如下。

> 我运行了代码，但是得到如下报错信息，这是怎么回事呢？
> """
> AttributeError: type object 'Book' has no attribute 'active'. Did you mean: 'activate'?
> """

> 这个错误通常是由于新版本的 xlwings 对 active 属性进行了更改导致的。在新版本的 xlwings 中，要获取当前活动的工作簿，可以使用 xw.apps.active.books，然后再使用 index 属性来获取活动的工作簿，例如 xw.apps.active.books[0] 表示当前活动的第一个工作簿。
>
> 因此，您可以将以下行代码：

```
1   new_wb = xw.Book.active()
```

> 修改为：

```
1   new_wb = xw.apps.active.books[-1]
```

> 这样就可以获取到刚刚复制出来的新工作簿了。
>
> 请注意，如果您使用的是旧版本的 xlwings，那么修改后的代码可能无法正常工作，您可能需要更新到最新版本的 xlwings。

步骤08 **修改和运行代码**。根据 ChatGPT 的回答修改代码，❶将第 21 行代码 new_wb = xw.Book.active() 注释掉，❷然后在下一行中输入代码 new_wb = xw.apps.active.books[-1]，如图 4-7 所示。

```python
import xlwings as xw
from pathlib import Path

# 打开原始工作簿
wb = xw.Book('办公用品采购表.xlsx')

# 获取原始工作簿所在的文件夹路径
folder_path = Path(wb.fullname).parent

# 创建用于保存新工作簿的文件夹
new_folder_path = folder_path / '办公用品采购'
new_folder_path.mkdir(exist_ok=True)

# 遍历每个工作表，并保存为单独的工作簿
for sheet in wb.sheets:
    # 新工作簿的文件名为：原始工作表名称 + "采购数据"
    new_file_name = sheet.name + '采购数据.xlsx'
    # 保存新工作簿到新的文件夹中
    new_file_path = new_folder_path / new_file_name
    sheet.api.Copy(Before=None)
    # new_wb = xw.Book.active()  ❶
    new_wb = xw.apps.active.books[-1]  ❷
    new_wb.save(str(new_file_path))
    new_wb.close()

# 关闭原始工作簿
wb.close()
```

图 4-7

步骤09 **再次运行代码**。执行"Run → Run Module"菜单命令或按〈F5〉键，再次运行代码，这次没有报错，并且在"办公用品采购表.xlsx"所在的文件夹下可以看到一个名为"办公用品采购"的文件夹。打开该文件夹，可看到生成的多个工作簿，这些工作簿均采用了指定的命名方式，如图 4-8 所示，与预期的效果一致，说明代码是正确的。

图 4-8

5．帮助说明代码协助写出注释

◎ 代码文件：将多个工作簿数据汇总到一个工作簿.py
◎ 数据文件：销售表（文件夹）

代码注释是至关重要的，它可以提高代码的可读性。但是，编写注释可能会消耗大量的时间和精力，尤其是当代码量庞大或复杂度较高时。在这种情况下，借助 ChatGPT，可以大大减轻开发人员的负担，并加快代码注释的编写速度。本小节就来介绍如何借助 ChatGPT 快速生成高质量的代码注释。

步骤01 **描述功能需求并添加注释**。打开 ChatGPT，进行如下所示的对话。

以下是我编写好的一段 Python 代码，请帮我为这段代码添加注释文本：

```
1   import os
2   import xlwings as xw
3   import pandas as pd
4   app = xw.App(visible = False, add_book = False)
5   file_path = '销售表'
6   file_list = os.listdir(file_path)
7   collection = []
8   for i in file_list:
9       if os.path.splitext(i)[1] == '.xlsx':
10          workbook = app.books.open(file_path + '\\' + i)
11          worksheet = workbook.sheets['销售记录表']
12          values = worksheet.range('A1').expand('table').options(pd.DataFrame).value
13          filtered = values[['销售区域', '销售利润']]
14          collection.append(filtered)
```

```
15          workbook.close()
16  new_values = pd.concat(collection, ignore_index =
    False).set_index('销售区域')
17  new_values['销售利润'] = new_values['销售利润'].
    astype('float')
18  result = new_values.groupby('销售区域').sum()
19  new_workbook = app.books.add()
20  sheet = new_workbook.sheets[0]
21  sheet.range('A1').value = result
22  new_workbook.save('汇总.xlsx')
23  app.quit()
```

好的,以下是为您的代码添加的注释文本:

```
1   # 导入必要的模块
2   import os
3   import xlwings as xw
4   import pandas as pd
5   # 创建一个不可见的Excel应用程序实例
6   app = xw.App(visible=False, add_book=False)
7   # 设置文件路径
8   file_path = '销售表'
9   # 获取文件列表
10  file_list = os.listdir(file_path)
11  # 创建一个空的列表用于收集筛选后的数据
12  collection = []
13  # 遍历文件列表
```

```python
14  for i in file_list:
15      # 如果是Excel文件，则打开文件
16      if os.path.splitext(i)[1] == '.xlsx':
17          workbook = app.books.open(file_path + '\\' + i)
18          worksheet = workbook.sheets['销售记录表']
19          # 获取指定范围内的数据并将其转换为Pandas DataFrame格式
20          values = worksheet.range('A1').expand('table').options(pd.DataFrame).value
21          # 筛选出需要的数据列
22          filtered = values[['销售区域', '销售利润']]
23          # 将筛选后的数据添加到收集列表中
24          collection.append(filtered)
25          # 关闭工作簿
26          workbook.close()
27  # 将所有收集的数据进行合并并按销售区域进行索引
28  new_values = pd.concat(collection, ignore_index=False).set_index('销售区域')
29  # 将销售利润列的数据类型转换为浮点型
30  new_values['销售利润'] = new_values['销售利润'].astype('float')
31  # 对销售区域进行分组，并计算每个区域的销售利润总和
32  result = new_values.groupby('销售区域').sum()
33  # 创建一个新的Excel工作簿
34  new_workbook = app.books.add()
35  # 获取工作簿中的第一个工作表
36  sheet = new_workbook.sheets[0]
```

```
37      # 将计算结果写入第一个单元格
38      sheet.range('A1').value = result
39      # 保存工作簿
40      new_workbook.save('汇总.xlsx')
41      # 关闭Excel应用程序
42      app.quit()
```

希望这些注释能够帮助您更好地理解代码的执行过程和功能。

步骤02 **描述功能需求并解析代码**。ChatGPT 为每行代码添加注释后,我们还可以让它写一个比较详细的代码解析,继续与 ChatGPT 进行如下所示的对话。

> 请帮我写一个代码总结说明,需要包含详细的代码解释、使用的模块,以及代码中的核心功能函数等细节方面的内容。

> 当然,我很乐意为你编写一个代码总结,以下是对您的 Python 代码的详细总结说明:
>
> 1. 代码功能概述:
>
>   这段 Python 代码实现了对指定目录下多个 Excel 文件中的数据进行筛选、合并和汇总的功能。具体来说,该代码首先遍历指定目录下的所有 Excel 文件,筛选出其中特定列的数据,并将所有文件中的筛选结果进行合并和汇总,最后将结果写入新的 Excel 工作簿中。
>
> 2. 使用的 Python 模块:
>
>   该代码使用了以下 Python 模块:
>   - os:该模块提供了与操作系统交互的接口,主要用于操作文件和目录。
>   - xlwings:该模块提供了与 Excel 交互的接口,可用于打开、编辑和保存 Excel 工作簿。
>   - pandas:该模块是一个开源的数据分析库,主要用于数据处理和数据分析。

3. 代码解释：
   - 第 1 行：导入必要的模块。
   - 第 3 行：创建一个不可见的 Excel 应用程序实例，参数 visible=False 和 add_book=False 分别表示不显示 Excel 应用程序窗口和不自动添加新的工作簿。
   - 第 5~7 行：设置文件路径和获取文件列表。
   - 第 9 行：创建一个空的列表用于收集筛选后的数据。
   - 第 11~20 行：遍历文件列表，打开 Excel 文件，获取特定列的数据，将数据添加到收集列表中，并关闭 Excel 工作簿。
   - 第 22~24 行：将所有收集的数据进行合并并按销售区域进行索引。
   - 第 26 行：将销售利润列的数据类型转换为浮点型。
   - 第 28~29 行：对销售区域进行分组，并计算每个区域的销售利润总和。
   - 第 31~33 行：创建一个新的 Excel 工作簿，获取工作簿中的第一个工作表，将计算结果写入第一个单元格，保存工作簿，并关闭 Excel 应用程序。

4. 核心功能函数：
   在这段 Python 代码中，主要使用了 pandas 库的两个核心功能函数：
   - pd.DataFrame()：将 Excel 中的数据读取到一个 DataFrame 对象中，方便进行数据处理和分析。
   - groupby()：按照指定列对 DataFrame 对象中的数据进行分组，并对每个组中的数据进行聚合计算，例如求和、计数、平均值等操作。

5. 总结：
   通过使用 os、xlwings 和 pandas 等 Python 模块，该代码实现了对多个 Excel 文件中的数据进行筛选、合并和汇总的功能，极大地提高了数据处理的效率和准确性。同时，通过使用 groupby() 函数，代码还实现了对数据的分组和汇总计算，为数据分析和决策提供了有力的支持。

4.4 用 Python 调用 OpenAI API

◎ 代码文件：输出地址中省份的简称.py
◎ 数据文件：地址信息.xlsx

OpenAI 提供了一套应用编程接口（Application Programming Interface，简称 API），用户可以使用任意编程语言通过 HTTP 请求与这套 API 进行交互，调用 OpenAI 训练好的一些模型。OpenAI 还为几种流行的编程语言提供了开发工具包，其中为 Python 提供的是 openai 模块，该模块的安装命令为 "pip install openai"。

> **提　示**
>
> OpenAI API 的调用并不是免费的，而是按提交和返回的文本量来计费的。OpenAI 会给新注册的账号赠送一些试用额度。试用额度在一定时间内有效，试用额度用完或过期失效之后，用户可以根据需要充值。

工作簿 "地址信息.xlsx" 的内容如图 4-9 所示。A 列中是一些地址，现在需要从这些地址中提取省份信息，并将其简称写入 B 列的对应单元格。从地址中提取信息的传统解决思路是使用字符串处理函数，但是本案例地址中的省份信息格式没有规律，再加上还要获取省份的简称，用传统思路难以达到目的。下面使用 openai 模块编写 Python 代码，调用 OpenAI API 实现地址中省份信息的智能化提取与转换。

	A	B
1	地址	省份（简称）
2	北京朝阳区三里屯街道	
3	江西省九江市浔阳区滨江东路	
4	河北邯郸市永年区广府古城	
5	湖南张家界市武陵源区	
6	内蒙古乌兰察布市兴和县	
7	海南省海口市秀英区东山镇	

图 4-9

步骤01 **打开密钥管理页面**。在编写代码之前，需要准备好 API 密钥，用于验证用户身份。❶在网页浏览器中打开网址 https://platform.openai.com/account/api-keys，用账号和密码登录，进入密钥的管理页面，如图 4-10 所示。页面中会显示之前生成的密钥，但不能查看或复制密钥。如果从未生成过密钥或忘记了密钥，❷可以单击页面中的"Create new secret key"按钮来生成新密钥。

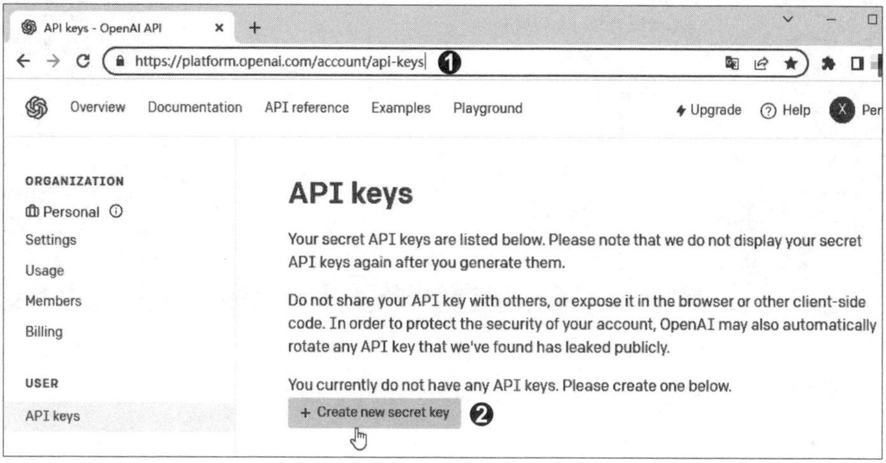

图 4-10

步骤02 **生成 API 密钥**。随后会弹出新密钥生成窗口，单击"Create secret key"，生成密钥，如图 4-11 所示。

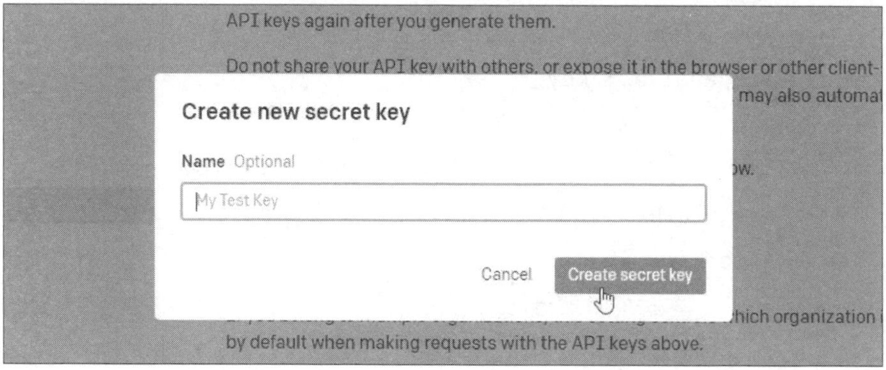

图 4-11

步骤03 **复制和保存 API 密钥**。生成密钥之后，❶单击右侧 按钮，将新密钥复制到剪贴板，❷再单击"Done"按钮，如图 4-12 所示。因为密钥只会在生成时显示一次，之后就无法再次查看或复制，所以还需要将复制的密钥粘贴到一个文档中，并保存在安全的地方，以备使用。

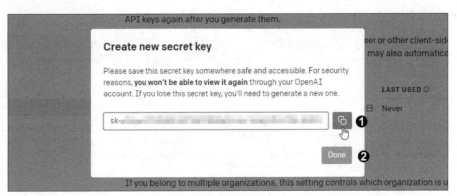

图 4-12

步骤04 **编写代码**。准备好密钥后，就可以编写代码了。打开 Python 编辑器，输入如下所示的代码。

```python
import pandas as pd
import openai
import time
# 设置API密钥（需修改成读者自己的密钥）
openai.api_key = "sk-********"
# 从工作簿中读取数据
df = pd.read_excel("地址信息.xlsx", sheet_name=0)
# 遍历每一行数据
for idx in df.index:
    # 提取当前行的地址值
    address = df.loc[idx, "地址"]
```

```python
12      # 根据地址值构造提示词
13      prompt = f"""你是一个地址处理器，我需要你从我输入的地址中提取出省份，并以简称的形式输出。
14      输入：上海市浦东新区世博村路300号
15      输出：沪
16      输入：{address}
17      输出："""
18      # 将提示词提交给OpenAI API，并获取API返回的响应数据
19      response = openai.ChatCompletion.create(
20          model="gpt-3.5-turbo",
21          messages=[{"role": "user", "content": prompt}]
22      )
23      # 从响应数据中提取省份的简称
24      output = response["choices"][0]["message"]["content"]
25      # 将省份的简称写入数据中的对应列
26      df.loc[idx, "省份（简称）"] = output.strip()
27      # 暂停20秒（因为免费账号每分钟只能提交3次请求）
28      time.sleep(20)
29  # 将处理好的数据导出成工作簿
30  df.to_excel("地址信息_提取后.xlsx", index=False)
```

> **提示**
>
> 上述代码相当于在 ChatGPT 中进行了如下对话。
>
> Q：你是一个地址处理器，我需要你从我输入的地址中提取出省份，并以简称的形式输出。
>
> 输入：上海市浦东新区世博村路 300 号
>
> 输出：沪

> 输入：北京朝阳区三里屯街道
> 输出：
> A：京

步骤05 **运行代码并查看结果。** 在 Python 编辑器中运行代码后，打开生成的工作簿"地址信息 _ 提取后 .xlsx"，即可看到从地址中提取的省份简称，如图 4-13 所示。根据实际需求修改代码中的提示词，可完成其他的信息批量提取、信息批量生成等任务。

地址	省份（简称）
北京朝阳区三里屯街道	京
江西省九江市浔阳区滨江东路	赣
河北邯郸市永年区广府古城	冀
湖南张家界市武陵源区	湘
内蒙古乌兰察布市兴和县	蒙
海南省海口市秀英区东山镇	琼

图 4-13

第 5 章

工作簿操作

从本章开始,将详细介绍如何通过多轮提问、通过不同提示词的引导对问答式 AI 工具进行提问,辅助我们编写出更符合办公人员实际工作需要的 Python 程序,实现对工作簿的快捷操作,如批量新建工作簿、批量拆分与合并工作簿、分类和查找工作簿等。

案例 01　提取文件夹中所有工作簿的文件名

◎ 代码文件：提取文件夹中所有工作簿的文件名.py
◎ 数据文件：工作信息表（文件夹）

文件夹"工作信息表"中存放了多种类型的文件，如图5-1所示。

图 5-1

◎ 人机对话

在"工作信息表"文件夹存放了多种类型的文件，请帮我编写一段Python代码，从这些文件中提取所有Excel工作簿的文件名。

以下是一段可以提取所有Excel工作簿文件名的Python代码：

```
1  import os
2  # 设定工作目录
3  path = '工作信息表'
4  # 初始化空列表来存储Excel文件名
5  excel_files = []
6  # 遍历工作信息表文件夹下的所有文件
```

```
7   for file in os.listdir(path):
8       # 只选择Excel工作簿文件
9       if file.endswith('.xlsx') or file.endswith('.xls'):
10          # 将文件名添加到excel_files列表
11          excel_files.append(file)
12  # 打印Excel工作簿文件名列表
13  print(excel_files)
```

将代码中的 path 变量更改为你的文件夹的路径，代码会遍历文件夹中的所有文件，仅选择扩展名为".xlsx"或".xls"的文件，并将文件名添加到 excel_files 列表中。最后，将打印列表中所有 Excel 工作簿的文件名。

👤 我希望将代码中的相对路径更改为绝对路径。"工作信息表"文件夹存储于"E:\ 实例文件 \ 第 5 章 \01"目录下。请问如何修改以上代码？

AI 以下是修改后的代码：

```
1   import os
2   # 设定工作目录
3   path = r'E:\实例文件\第5章\01\工作信息表'
4   # 初始化空列表来存储Excel文件名
5   excel_files = []
6   # 遍历工作信息表文件夹下的所有文件
7   for file in os.listdir(path):
8       # 只选择Excel工作簿文件
9       if file.endswith('.xlsx') or file.endswith('.xls'):
10          # 将文件名添加到excel_files列表
11          excel_files.append(file)
```

```
12   # 打印Excel工作簿文件名列表
13   print(excel_files)
```

将代码中的 path 变量更改为你的文件夹的路径，代码会遍历文件夹中的所有文件，仅选择扩展名为 ".xlsx" 或 ".xls" 的文件，并将文件名添加到 excel_files 列表中。最后，将打印列表中所有 Excel 工作簿的文件名。请注意，路径字符串前面的 r 表示使用原始字符串，因此反斜杠字符不需要进行转义。

◎ 验证代码

在 Python 编辑器中运行代码，结果如下：

```
1  ['供应商信息表.xlsx', '出库表.xlsx', '同比增加情况表.xls', '员工档案表.xlsx', '库存表.xlsx']
```

◎ 知识扩展

本案例的代码会遍历文件夹中的所有文件，并选择扩展名为 ".xlsx" 或 ".xls" 的工作簿文件，如果只想要选择扩展名为 ".xlsx" 的工作簿文件，可以将以下一行代码：

```
1   if file.endswith('.xlsx') or file.endswith('.xls'):
```

修改为：

```
1   if file.endswith('.xlsx'):
```

这样修改后的代码只会选择扩展名为 ".xlsx" 的文件，忽略扩展名为 ".xls" 的文件。

案例 02　批量新建并保存多个工作簿

◎ 代码文件：批量新建并保存多个工作簿.py
◎ 数据文件：无

◎ 人机对话

> 我想要创建多个工作簿，并将它们保存在"E:\实例文件\第5章\02\销售表"文件夹中。这些工作簿将使用"销售表×.xlsx"的命名方式，其中"×"表示整数序列，请帮我编写一段 Python 代码。

> 以下是一段 Python 代码，可以创建指定数量的工作簿并将其保存在指定文件夹中：

```python
import os
import openpyxl
# 设置工作簿数量
num_workbooks = 10
# 设置文件夹路径
folder_path = r"E:\实例文件\第5章\02"
# 循环创建工作簿
for i in range(1, num_workbooks+1):
    # 设置工作簿名称
    workbook_name = "销售表{}.xlsx".format(i)
    # 创建工作簿对象
    workbook = openpyxl.Workbook()
    # 保存工作簿
    workbook.save(os.path.join(folder_path, workbook_name))
```

请注意，此代码假定您已经安装了 openpyxl 模块。如果没有安装，您需要使用 pip 命令安装该模块，如下所示：

```
1    pip install openpyxl
```

此外，如果您使用的是 Windows 系统，E:\ 必须是本地磁盘驱动器，并且您必须具有写入文件夹的权限。

◎ 验证代码

在 Python 编辑器中运行代码。在文件夹"E:\ 实例文件 \ 第 5 章 \02\ 销售表"中可看到新建了 10 个工作簿，分别是"销售表 1.xlsx""销售表 2.xlsx"……"销售表 10.xlsx"，如图 5-2 所示。

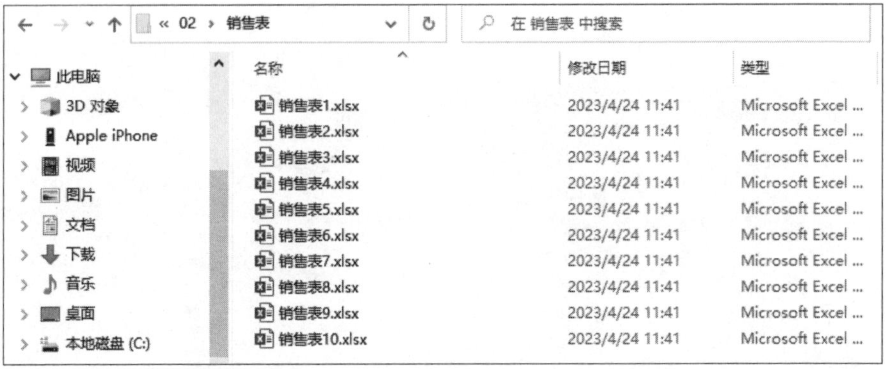

图 5-2

◎ 知识扩展

在实际工作中，如果要创建 100 个工作簿，将代码中 num_workbooks 变量的值更改为 100 即可。修改后的代码将循环 100 次，每次循环都将创建一个新的工作簿，并将其保存到指定的文件夹路径中，使用"销售表 1.xlsx"到"销售表 100.xlsx"的文件名。

案例 03　打开文件夹下的所有工作簿

◎ 代码文件：打开文件夹下的所有工作簿1.py、打开文件夹下的所有工作簿2.py
◎ 数据文件：工作信息表（文件夹）

文件夹"工作信息表"中存放了多个工作簿，如图 5-3 所示。

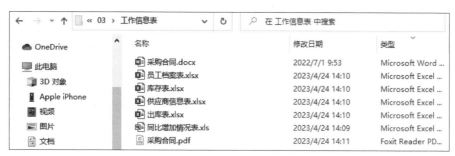

图 5-3

◎ 人机对话

> 在日常工作中，我经常需要同时查看多个工作簿，如果逐个打开，就需要花费很多时间。因此，我想编写一段 Python 代码来批量打开指定文件夹中的多个工作簿。假设我要打开的工作簿都存储在"工作信息表"文件夹中。请你帮我编写 Python 代码，以便能够高效地打开这些文件。

> 你可以使用 Python 的 os 和 glob 模块来实现这个功能。首先，使用 os 模块定位到指定文件夹，然后使用 glob 模块获取文件夹中所有的 Excel 文件。接着，使用 os.startfile() 函数来打开这些文件。下面是一段示例代码：

```
1  import os
2  import glob
3  # 定义工作簿文件夹路径
4  folder_path = '工作信息表'
```

```
5   # 使用glob模块获取所有Excel文件
6   excel_files = glob.glob(os.path.join(folder_path,
    '*.xlsx'))
7   # 循环打开每个Excel文件
8   for file in excel_files:
9       os.startfile(file)
```

在这段代码中，os.path.join() 函数用于将文件夹路径和文件名连接起来，glob.glob() 函数用于获取所有扩展名为 ".xlsx" 的文件，os.startfile() 函数用于打开文件。

换一种方式编写更加简洁和易于理解的代码实现上述功能。

使用 pathlib 模块和 xlwings 模块也可以实现上述功能，而且会更加简洁和易于理解。下面是使用 pathlib 和 xlwings 模块的代码示例：

```
1   from pathlib import Path
2   import xlwings as xw
3   # 定义工作簿文件夹路径
4   folder_path = '工作信息表'
5   # 获取Excel文件路径列表
6   excel_files = [file for file in Path(folder_path).
    glob('*.xlsx')]
7   # 循环打开每个Excel文件
8   for file in excel_files:
9       wb = xw.Book(file)
```

首先，使用 pathlib 模块的 Path() 函数获取指定文件夹路径，然后使用 glob() 方法获取所有扩展名为 ".xlsx" Excel 文件路径。Path() 对象可以使用 glob() 方法，因为 pathlib 已经默认引入了 glob 模块，因此不需要额外导入。最后，循环遍历 Excel 文件路径列表，并使用 xlwings 模块的 Book() 方法打开每个 Excel 文件。需要注意的是，xlwings 模块需要额外安装，并且只能用于 Windows 操作系统。如果你在 MacOS 上运行代码，可以考虑使用 openpyxl 模块来代替 xlwings 模块。

◎ 验证代码

在 Python 编辑器中运行代码，将自动打开指定文件夹 "E:\实例文件\第 5 章\03\工作信息表" 中的所有工作簿，如图 5-4 所示。

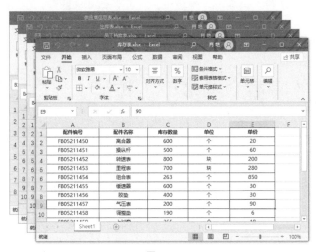

图 5-4

◎ 知识扩展

本案例中使用 pathlib 模块获取文件路径时，用到了 glob() 函数。glob() 函数用于获取符合特定规则的文件路径列表。

glob() 函数的用法比较简单，只需要传入一个匹配模式的字符串参数，返回符合该模式的文件路径名列表。匹配模式字符串可以包含以下特殊字符：

● *：匹配 0 个或多个字符；

- ?：匹配一个任意字符；
- []：匹配指定范围内的任意字符；
- {}：匹配多个字符串中的一个；
- !：表示不匹配。

本案例代码中使用了 Path() 函数创建了一个 Path 对象，然后使用 glob() 函数获取所有扩展名为".xlsx"的 Excel 文件路径列表，即 Path(folder_path).glob('*.xlsx')。这里的 '*' 表示匹配任意字符，".xlsx"表示匹配扩展名为".xlsx"的文件。

总之，glob() 函数是 Python 标准库中用于文件路径名匹配的一个非常方便的函数，能够大大简化文件查找操作的代码编写。需要注意的是，glob() 函数只能用于匹配文件路径名，不能匹配文件内容。

案例 04 批量重命名多个工作簿

◎ 代码文件：批量重命名多个工作簿.py
◎ 数据文件：数据表（文件夹）

文件夹"数据表"中的工作簿名分别是"工作簿1""工作簿2"……"工作簿6"，如图 5-5 所示。

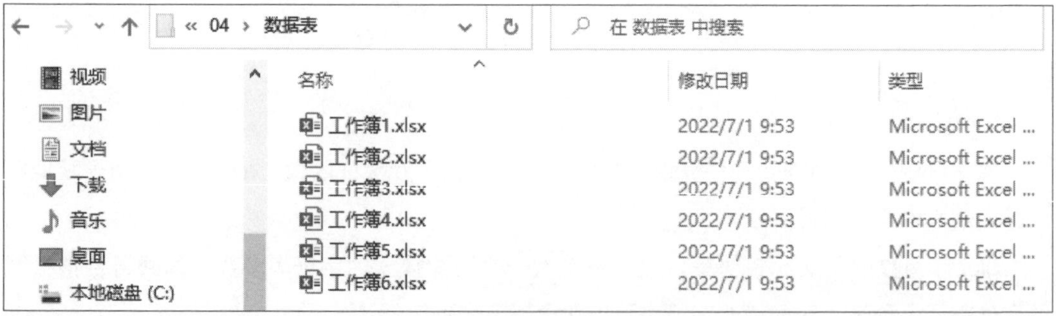

图 5-5

◎ 人机对话

👤 我在文件夹"数据表"中有 6 个工作簿文件，这些文件的命名方式为默认的"工作簿 1""工作簿 2"……"工作簿 6"。现在，我需要对这些文件进行重命名，分别修改为"1 月销售""2 月销售额"……"6 月销售额"，并将它们另存至"产品销售额"文件夹中。请帮我编写一段 Python 代码。

🤖 您可以使用 Python 的 os 和 shutil 模块来完成这个任务。以下是示例代码：

```python
import os
import shutil
# 设置原始文件夹和目标文件夹的路径
source_folder = '数据表'
target_folder = '产品销售额'
# 遍历原始文件夹中的所有文件
for index, filename in enumerate(os.listdir(source_folder)):
    # 构造原始文件的完整路径和目标文件的完整路径
    source_path = os.path.join(source_folder, filename)
    target_path = os.path.join(target_folder, f'{index + 1}月销售额.xlsx')
    # 拷贝文件到目标文件夹中，并重命名
    shutil.copy(source_path, target_path)
```

这段代码中，os.listdir() 函数用于获取原始文件夹中的所有文件名，os.path.join() 函数用于构造完整路径，shutil.copy() 函数用于拷贝文件，并在拷贝过程中重命名。enumerate() 函数用于获取文件名的索引值，从而构造新的文件名。注意，代码中的路径应该根据您的实际情况进行修改。

🧑 我运行了代码,但是得到如下报错信息,这是什么意思呢?
"""
FileNotFoundError: [Errno 2] No such file or directory: '产品销售额\\1月销售额.xlsx'
"""

🤖 这个报错信息表明程序找不到指定的文件路径,因此您需要确保在运行代码之前,目标文件夹"产品销售额"已经存在。如果目标文件夹不存在,您可以在代码中添加创建目标文件夹的语句。修改后的代码如下所示:

```python
import os
import shutil
# 设置原始文件夹和目标文件夹的路径
source_folder = '数据表'
target_folder = '产品销售额'
# 如果目标文件夹不存在,则创建该文件夹
if not os.path.exists(target_folder):
    os.mkdir(target_folder)
# 遍历原始文件夹中的所有文件
for index, filename in enumerate(os.listdir(source_folder)):
    # 构造原始文件的完整路径和目标文件的完整路径
    source_path = os.path.join(source_folder, filename)
    target_path = os.path.join(target_folder, f'{index + 1}月销售额.xlsx')
    # 拷贝文件到目标文件夹中,并重命名
    shutil.copy(source_path, target_path)
```

在修改后的代码中,添加了一个判断语句,如果目标文件夹不存在,则使用

os.mkdir() 函数创建该文件夹。这样就能避免文件不存在的报错问题。

◎ **验证代码**

在 Python 编辑器中运行代码，在新建的文件夹"产品销售额"中可看到已按照指定方式进行重命名的多个工作簿文件，如图 5-6 所示。

图 5-6

◎ **知识扩展**

enumerate() 函数是 Python 的内置函数之一，它用于将一个可迭代对象（如列表、元组、字符串等）转换为一个索引序列和一个对应的元素序列。函数的语法如下：

$$\text{enumerate(iterable, start=0)}$$

其中，iterable 参数表示要进行枚举的可迭代对象；start 参数表示索引起始值，可以不指定，默认为 0。当函数调用时，它会返回一个枚举对象，该对象包含一个索引序列和一个对应的元素序列。我们可以使用 for 循环遍历该对象，同时获取每个元素的索引和值。

本案例中就使用了 enumerate() 函数遍历了源文件夹中的文件，并获取了每个文件的索引和文件名。然后使用这些信息来构建新的文件名，并把文件从源文件夹复制到目标文件夹中。

案例 05　批量转换工作簿的文件格式

◎ 代码文件：批量转换工作簿的文件格式.py
◎ 数据文件：工作信息表（文件夹）

文件夹"工作信息表"中有".pdf"".docx"".xlsx"".xls"等多种格式的文件，如图 5-7 所示。

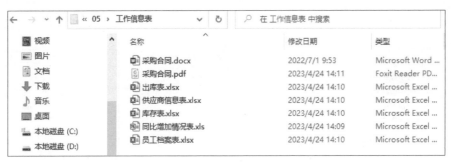

图 5-7

◎ 人机对话

将新版本的 Excel 文件转换成旧版本的 Excel 文件可以确保一些较早期版本的操作系统和 Office 程序也能够正常地打开和编辑这些 Excel 文件。请帮我编写一段 Python 代码，用于将"工作信息表"文件夹中的所有".xlsx"格式的 Excel 文件转换成".xls"文件格式。

下面是一段 Python 代码，可以将指定文件夹中所有".xlsx"格式的 Excel 文件转换成".xls"文件格式：

```
1  from pathlib import Path
2  import xlwings as xw
3  # 启动Excel应用程序
4  app = xw.App(visible=False, add_book=False)
```

```
5    # 指定待处理的Excel文件夹路径
6    folder_path = Path('./工作信息表/').absolute()
7    # 使用glob()方法获取文件夹内所有扩展名为".xlsx"的文件
8    file_list = folder_path.glob('*.xlsx')
9    # 遍历文件列表，逐一处理每个Excel文件
10   for i in file_list:
11       # 生成新的文件路径，将扩展名改为".xls"
12       new_file_path = str(i.with_suffix('.xls'))
13       # 打开当前遍历到的Excel文件
14       workbook = app.books.open(i)
15       # 将当前Excel文件另存为新Excel文件
16       workbook.api.SaveAs(new_file_path, FileFormat=56)
17       # 关闭当前Excel文件
18       workbook.close()
19   # 关闭Excel应用程序
20   app.quit()
```

以上代码使用了 Python 的 pathlib 模块和 xlwings 模块来实现对指定文件夹内所有扩展名为".xlsx"的 Excel 文件进行格式转换的功能，将这些 Excel 文件转换为扩展名为".xls"的文件，同时保留原文件名。具体实现过程是遍历文件夹内的所有 Excel 文件，依次打开并进行格式转换，最后关闭 Excel 应用程序。在实现过程中，还设置了 Excel 应用程序为后台运行，以避免在执行过程中弹出 Excel 窗口，从而实现了无人值守的格式转换。

我运行了代码，但是得到如下报错信息，这是什么意思呢？
"""

pywintypes.com_error: (-2147352567, ' 发生意外。', (0, 'Microsoft Excel', 'Excel 无法打开文件"~$供应商信息表.xlsx"，因为文件格式或文件扩展名无效。

请确定文件未损坏，并且文件扩展名与文件的格式匹配。', 'xlmain11.chm', 0, -2146827284), None)
"""

> 这个报错信息表示 Excel 无法打开"$"开头的文件，通常这种文件是 Excel 临时文件。
> 在您的代码中，folder_path.glob('*.xlsx') 遍历文件夹内的所有以".xlsx"结尾的文件，包括临时文件。因此，当遇到以"~$"开头的文件时，Excel 会报错。为了解决这个问题，您可以在遍历文件列表之前添加一个过滤条件，排除以"~$"开头的文件。以下是修改后的代码：

```python
from pathlib import Path
import xlwings as xw
app = xw.App(visible=False, add_book=False)
folder_path = Path('./工作信息表/').absolute()
file_list = folder_path.glob('*.xlsx')
for i in file_list:
    # 检查文件名是否以"~$"开头，如果是，就跳过这个文件
    if i.name.startswith("~$"):
        continue
    new_file_path = str(i.with_suffix('.xls'))
    workbook = app.books.open(i)
    workbook.api.SaveAs(new_file_path, FileFormat=56)
    workbook.close()
app.quit()
```

◎ 验证代码

在 Python 编辑器中运行代码，在文件夹"工作信息表"中可看到".xlsx"格式的工作簿都生成了对应的".xls"格式工作簿，如图 5-8 所示。

图 5-8

◎ 知识扩展

如果要将".xls"格式的工作簿批量转换为".xlsx"格式的工作簿，需要对代码进行以下修改：

（1）将文件筛选条件从 folder_path.glob('*.xlsx') 修改为 folder_path.glob('*.xls')，以获取以".xls"结尾的文件列表。

（2）将新文件的扩展名从".xls"修改为".xlsx"。

（3）将 FileFormat 参数的值从 56 改为 51。在 SaveAs 函数中，通过设置 FileFormat 参数的值，可以指定要保存的文件的格式。值为 56 表示保存为".xls"格式，值为 51 表示保存为".xlsx"格式。

案例 06　将多个工作簿合并为一个工作簿

◎ 代码文件：将多个工作簿合并为一个工作簿.py
◎ 数据文件：上半年销售统计（文件夹）

文件夹"上半年销售统计"中包含"1 月销售表""2 月销售表"……"6 月销售表"6 个工作簿，如图 5-9 所示。

图 5-9

◎ 人机对话

👤 在文件夹"上半年销售统计"中，有 6 个工作簿，分别记录了公司 1—6 月的产品销售额。我想让你帮我编写一段 Python 代码，将这 6 个工作簿中的第一个工作表的数据复制到新建工作簿"总表"的 6 个工作表中，并且修改每个工作表的名称为原来工作簿的文件主名。

🤖 好的，可以使用 Python 中的 pandas 库来完成这个任务。以下是实现这个功能的代码：

```
1   import pandas as pd
2   from pathlib import Path
3   # 设置文件夹路径和新工作簿的路径
4   folder_path = Path('上半年销售统计')
5   new_file_path = Path('总表.xlsx')
6   # 获取文件夹中所有Excel文件的路径
7   file_paths = list(folder_path.glob('*.xlsx'))
8   # 创建Excel文件写入器
9   with pd.ExcelWriter(new_file_path) as writer:
10      # 循环遍历每个Excel文件
11      for file_path in file_paths:
12          # 获取该文件的文件名（不包含扩展名）
```

```
13          file_name = file_path.stem
14          # 读取该Excel文件的第一个工作表数据
15          data = pd.read_excel(file_path, sheet_name=0)
16          # 将该工作表数据写入新的Excel文件中，工作表名称为原
            文件名
17          data.to_excel(writer, sheet_name=file_name, in-
            dex=False)
```

以上代码中，首先使用 pathlib 库获取文件夹路径和新工作簿的路径，然后使用 glob() 方法获取文件夹中所有的 Excel 文件路径。接着使用 ExcelWriter 创建一个新的 Excel 文件写入器，并使用循环遍历每个 Excel 文件。在循环中，使用 read_excel 方法读取每个文件的第一个工作表数据，然后使用 to_excel 方法将该工作表数据写入新的 Excel 文件中，工作表名称为原文件名。最后，保存新的 Excel 文件即可。

◎ 验证代码

在 Python 编辑器中运行代码，可在文件夹"E:\实例文件\第 5 章\06"中生成一个工作簿"总表 .xlsx"。打开该工作簿，可看到 6 个工作表，工作表的名称为原 6 个工作簿的文件主名，工作表的内容为原 6 个工作簿中工作表"Sheet1"的内容。但是原来的数据格式会丢失，需手动设置，结果如图 5-10 所示。

	A	B	C	D	E	F
1	日期	销售额(万元)				
2	2022年1月1日	23				
3	2022年1月2日	30				
4	2022年1月3日	25				
5	2022年1月4日	42				
6	2022年1月5日	36				
7	2022年1月6日	23				
8	2022年1月7日	41				
9	2022年1月8日	52				

1月销售表 | 2月销售表 | 3月销售表 | 4月销售表 | 5月销售表 | 6月销售表

图 5-10

◎ 知识扩展

本案例代码仅适用于每个 Excel 文件中只需要提取指定顺序工作表的情况。如果每个 Excel 文件中有多个工作表要提取,需要对循环中的 read_excel 方法和 to_excel 方法进行调整,以读取并写入每个工作表的数据。演示代码如下:

```
1   import pandas as pd
2   from pathlib import Path
3   # 设置文件夹路径和新工作簿的路径
4   folder_path = Path('上半年销售统计')
5   new_file_path = Path('总表.xlsx')
6   # 获取文件夹中所有Excel文件的路径
7   file_paths = list(folder_path.glob('*.xlsx'))
8   # 创建Excel文件写入器
9   with pd.ExcelWriter(new_file_path) as writer:
10      # 循环遍历每个Excel文件
11      for file_path in file_paths:
12          # 获取该文件的文件名(不包含扩展名)
13          file_name = file_path.stem
14          # 读取该Excel文件的所有工作表数据
15          data_dict = pd.read_excel(file_path, sheet_name=None)
16          # 循环遍历该文件的所有工作表数据
17          for sheet_name, data in data_dict.items():
18              # 将每个工作表数据写入新的Excel文件中,工作表名称为"原文件名_工作表名"
19              sheet_name = file_name + '_' + sheet_name
20              data.to_excel(writer, sheet_name=sheet_name, index=False)
```

案例 07　按照扩展名分类工作簿

◎ 代码文件：按照扩展名分类工作簿.py
◎ 数据文件：工作文件（文件夹）

文件夹"工作文件"中有 11 个文件，这些文件的扩展名分别为".xlsx"".xlsm"".xls"，如图 5-11 所示。

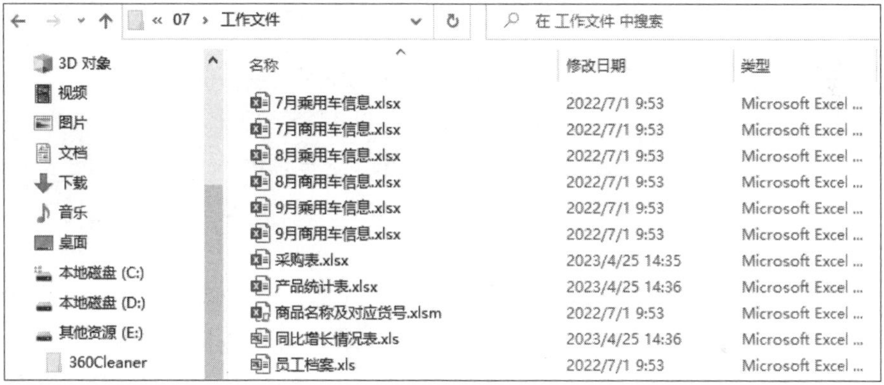

图 5-11

◎ 人机对话

当计算机中的文件较多时，我们可以按照不同的方式对文件进行分类，例如按照文件名或文件扩展名等进行分类。现在，我需要你帮我编写一段 Python 代码，将"工作文件"文件夹中的所有文件按照它们的扩展名进行分类。

好的，以下是一个使用 Python pathlib 模块来按照文件扩展名将"工作文件"文件夹中的所有文件进行分类的代码示例：

```
1  from pathlib import Path
2  # 设置工作目录
```

```
3    work_dir = Path("工作文件")
4    # 遍历工作目录中的所有文件
5    for file_path in work_dir.iterdir():
6        # 检查文件是否是文件而不是文件夹
7        if file_path.is_file():
8            # 获取文件扩展名
9            file_extension = file_path.suffix
10           # 创建以扩展名为名的子文件夹
11           extension_dir = work_dir / file_extension
12           extension_dir.mkdir(exist_ok=True)
13           # 将文件移动到相应的子文件夹中
14           file_path.rename(extension_dir / file_path.name)
```

该代码首先使用 Path 函数来设置工作目录，然后使用 iterdir 函数遍历目录中的所有文件，如果是文件而不是文件夹，则获取其扩展名。接下来，使用 mkdir 函数创建以扩展名为名的子文件夹，并使用 exist_ok=True 参数确保如果该子文件夹已经存在，则不会引发异常。最后，使用 rename 函数将文件移动到相应的子文件夹中。

◎ 验证代码

在 Python 编辑器中运行代码。在文件夹"E:\实例文件\05\工作文件"中可以看到新建了 3 个分别以文件扩展名".xls"".xlsm"".xlsx"命令的文件夹，如图 5-12 所示。打开任意一个文件夹，可以看到该文件夹中所有文件的扩展名均与文件夹名相同，如图 5-13 所示。

图 5-12

图 5-13

◎ 知识扩展

以上代码是直接在"工作文件"文件夹中对工作簿进行分类。如果想要用一个单独的文件夹来保存分类结果，并且需要通过拷贝的方式将这些文件按扩展名分别放到不同的文件夹中，可以对代码进行如下修改。

```
1   import shutil
2   from pathlib import Path
3   # 设置工作目录和分类目录
4   work_dir = Path("工作文件")
5   output_dir = work_dir.parent / "按扩展名分类"
6   # 创建分类目录
7   output_dir.mkdir(exist_ok=True)
8   # 遍历工作目录中的所有文件
9   for file_path in work_dir.iterdir():
10      # 检查文件是否是文件而不是文件夹
11      if file_path.is_file():
12          # 获取文件扩展名
13          file_extension = file_path.suffix
14          # 创建以扩展名为名的子文件夹
15          extension_dir = output_dir / file_extension
```

```
16        extension_dir.mkdir(exist_ok=True)
17        # 将文件拷贝到相应的子文件夹中
18        shutil.copy2(file_path, extension_dir)
```

案例 08 按照日期分类工作簿

◎ 代码文件：按照日期分类工作簿.py
◎ 数据文件：工作文件（文件夹）

◎ 人机对话

按日期分类也是一种常见的文件分类方式。请帮我编写一段 Python 代码，将文件夹"工作文件"中工作簿再按照文件最后修改时间的年份和月份进行分类。

 以下是一个使用 pathlib 和 time 模块的 Python 代码，可以将文件夹"工作文件"下的工作簿按照文件最后修改时间的年份和月份进行分类。

```
1   import os
2   import pathlib
3   import time
4   # 获取工作文件夹路径
5   work_folder = pathlib.Path('工作文件')
6   # 遍历文件夹下所有文件
7   for file_path in work_folder.glob('*'):
8       # 判断是否是文件
9       if file_path.is_file():
10          # 获取文件最后修改时间
11          mtime = os.path.getmtime(file_path)
```

```
12          # 转换为struct_time格式
13          mtime_struct = time.localtime(mtime)
14          # 获取年份和月份
15          year = mtime_struct.tm_year
16          month = mtime_struct.tm_mon
17          # 创建文件夹
18          folder_name = f'{year}-{month:02d}'
19          folder_path = work_folder / folder_name
20          folder_path.mkdir(parents=True, exist_ok=True)
21          # 将文件移动到对应的文件夹下
22          file_path.rename(folder_path / file_path.name)
```

这段代码会遍历文件夹"工作文件"下的所有文件，判断是否是文件，如果是则获取文件的最后修改时间，将其转换为 struct_time 格式，然后从中获取年份和月份。接着，创建以"年份－月份"命名的文件夹。最后将文件移动到对应的文件夹下。

◎ **验证代码**

在 Python 编辑器中运行代码，在文件夹"工作文件"中会新建 2 个以年份和月份命名的文件夹，如图 5-14 所示。打开任意一个文件夹，可以看到最后修改日期与文件名称对应的工作簿，如图 5-15 所示。

图 5-14

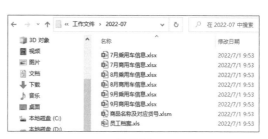

图 5-15

◎ 知识扩展

（1）getmtime() 函数用于获取指定文件的最后修改时间（mtime）。该函数接收一个文件路径作为参数，并返回最后修改时间的时间戳（单位为秒）。

（2）time.localtime() 函数用于将一个时间戳（秒数）转换为本地时间。该函数接收一个时间戳作为参数，并返回一个 struct_time 对象，包含本地时间的年、月、日、时、分、秒等信息。这些信息可以通过 struct_time 对象的属性（如 tm_year、tm_mon、tm_mday 等）获取。

（3）当对文件进行分类时，如果想要先以年份进行分类，再以月份进行分类，则可以将代码中的以下行：

```
folder_name = f'{year}-{month:02d}'
folder_path = work_folder / folder_name
folder_path.mkdir(parents=True, exist_ok=True)
```

替换为：

```
year_folder_name = str(year)
year_folder_path = work_folder / year_folder_name
year_folder_path.mkdir(parents=True, exist_ok=True)
month_folder_name = f'{month:02d}'
month_folder_path = year_folder_path / month_folder_name
month_folder_path.mkdir(parents=True, exist_ok=True)
```

更改后的代码与之前的代码类似，只是在创建文件夹和移动文件时进行了修改。它会先创建以年份命名的文件夹，然后在年份文件夹下创建以月份命名的文件夹，最后将文件移动到对应的月份文件夹下。

案例 09　按关键词查找工作簿

◎ 代码文件：按关键词查找工作簿.py
◎ 数据文件：无

◎ 人机对话

如果我想要打开计算机中的某个工作簿，但是我已经忘记了它的保存位置，只记得工作簿文件名的关键词，该如何使用Python来查找这个工作簿？

以下是一段使用Python的pathlib模块来查找文件的代码，你可以按照你的需求修改keyword变量的值：

```python
from pathlib import Path
# 获取用户输入的查找路径
folder_path = input('请输入查找路径（如C:\\）：')
# 获取用户输入的关键词
keyword = input('请输入关键词：')
# 将用户输入的路径字符串转换为Path对象
folder_path = Path(folder_path)
# 使用rglob遍历文件夹中所有扩展名为".xls"或".xlsx"的文件，并筛选匹配关键词的文件路径
file_list = folder_path.rglob(f'*{keyword}*.xls*')
# 循环打印匹配文件的文件路径
for i in file_list:
    print(i)
```

本段代码通过使用Python标准库中的pathlib模块和rglob函数，在指定路径下查找所有扩展名为".xls"或".xlsx"的Excel文件，并打印出其中包含特定关键词的文件路径。这个代码适用于需要快速定位和处理目标文件的情

况,例如在数据分析工作中,需要查找某个文件夹中所有包含特定关键词的Excel文件进行数据清洗和处理。通过使用Python代码实现,可以减少手动查找文件的时间和工作量,提高工作效率。

◎ 验证代码

在Python编辑器中运行代码,输入查找路径"E:\",然后按〈Enter〉键,输入文件名关键词"供应商",再按〈Enter〉键,得到E盘中文件名包含"供应商"的多个工作簿的文件路径,结果如下所示。

```
1  请输入查找路径(如C:\):  E:\
2  请输入关键词:  供应商
3  E:\实例文件\工作信息表\供应商信息表.xlsx
4  E:\实例文件\第5章\01\工作信息表\供应商信息表.xlsx
5  E:\实例文件\第5章\03\工作信息表\供应商信息表.xlsx
6  E:\实例文件\第5章\05\工作信息表\供应商信息表.xls
7  E:\实例文件\第5章\05\工作信息表\供应商信息表.xlsx
```

◎ 知识扩展

在实际工作中,如果只记得工作簿的完整文件名而不记得保存位置时,可以将file_list的值从folder_path.rglob(f'*{keyword}*.xls*')修改为folder_path.rglob(filename)。修改后的代码将在指定路径下查找所有文件名匹配的文件,并打印出其文件路径。需要注意的是,如果存在多个文件名相同但路径不同的文件,则代码将打印出所有匹配文件的文件路径。

案例 10　保护一个工作簿的结构

◎ 代码文件:保护一个工作簿的结构.py
◎ 数据文件:办公用品采购表.xlsx

当工作簿的结构未被保护时，可以对工作表进行移动、删除或添加等操作。例如，在工作簿"办公用品采购表.xlsx"中的任意一个工作表标签上右击，在弹出的快捷菜单中可以看到"插入""删除""移动或复制"等命令都为可用状态，如图 5-16 所示。

图 5-16

◎ 人机对话

我有一个名为"办公用品采购表.xlsx"的工作簿，我希望通过编写 Python 代码来保护工作簿的结构，以避免其他人意外或恶意更改工作簿中的内容。你能帮我完成这段代码吗？

当然可以，以下是一个可以用于保护工作簿结构的 Python 代码示例：

```
1  import xlwings as xw
2  # 创建Excel应用程序并打开工作簿
3  app = xw.App(visible=False, add_book=False)
4  workbook = app.books.open('办公用品采购表.xlsx')
5  # 对工作簿进行结构保护
```

```
6   workbook.api.Protect(Password='123', Structure=True,
    Windows=True)
7   # 保存并关闭工作簿
8   workbook.save('办公用品采购表(保护结构).xlsx')
9   workbook.close()
```

该代码使用了xlwings库来与Excel进行交互，首先创建了一个不可见的Excel应用程序并打开了名为"办公用品采购表.xlsx"的工作簿。然后使用Protect方法对工作簿进行结构保护，其中Password参数用于设置密码，Structure参数用于指定是否保护工作簿的结构，Windows参数用于指定是否允许在工作簿中打开新窗口。最后使用save方法保存更改并使用close方法关闭工作簿。

◎ 验证代码

在Python编辑器中运行代码，打开工作簿"办公用品采购表(保护结构).xlsx"，右击任意工作表的标签，在弹出的快捷菜单中可以看到"插入""删除""移动或复制"等命令变为灰色的不可用状态，如图5-17所示。

图 5-17

◎ 知识扩展

如果需要对多个工作簿执行相同的结构保护操作，可以在 Python 代码中使用循环，逐一打开并保护每个工作簿的结构，具体代码如下：

```python
import xlwings as xw
# 创建Excel应用程序
app = xw.App(visible=False, add_book=False)
# 需要保护结构的工作簿列表
workbook_list = ['办公用品采购表.xlsx', '销售报表.xlsx', '人事档案.xlsx']
# 循环打开并保护每个工作簿的结构
for workbook_name in workbook_list:
    workbook = app.books.open(workbook_name)
    workbook.api.Protect(Password='123', Structure=True, Windows=True)
    workbook.save()
    workbook.close()
# 关闭Excel应用程序
app.quit()
```

第6章
工作表操作

每个工作簿包含至少一个工作表,因此,Excel 的许多操作都与工作表有关。本章将讲解如何通过编写 Python 代码快速完成工作表的相关操作,如工作表的批量新增、删除、重命名,工作表中数据的拆分或合并等。

案例 01　读取一个工作簿中所有工作表的名称

◎ 代码文件：读取一个工作簿中所有工作表的名称1.py、读取一个工作簿中所有工作表的名称2.py

◎ 数据文件：新能源汽车备案信息.xlsx

工作簿“新能源汽车备案信息 .xlsx”中有多个工作表，如图 6-1 所示。

	A	B	C	D
1	序号	名称	车型	生产企业
2	1	比亚迪唐	BYD6480STHEV	比亚迪汽车工业有限公司
3	2	比亚迪唐100	BYD6480STHEV3	比亚迪汽车工业有限公司
4	3	比亚迪秦	BYD7150WTHEV3	比亚迪汽车有限公司
5	4	比亚迪秦100	BYD7150WT5HEV5	比亚迪汽车有限公司
6	5	之诺60H	BBA6461AAHEV(ZINORO60)	华晨宝马汽车有限公司
7	6	荣威eRX5	CSA6454NDPHEV1	上海汽车集团股份有限公司
8	7	荣威ei6	CSA7104SDPHEV1	上海汽车集团股份有限公司
9	8	荣威e950	CSA7144CDPHEV1	上海汽车集团股份有限公司
10	9	荣威e550	CSA7154TDPHEV	上海汽车集团股份有限公司

汽车备案信息 | 7月乘用车信息 | 7月商用车信息 | 8月乘用车信息 ...

图 6-1

◎ 人机对话

以下是一段 Python 代码，请讲解一下这段代码的用处和适用场景。

```
import xlwings as xw
app = xw.App(visible=False, add_book=False)
workbook = app.books.open('新能源汽车备案信息.xlsx')
worksheets = workbook.sheets
sheet_names = []
for i in worksheets:
    sheet_name = i.name
```

```
8          sheet_names.append(sheet_name)
9      print(sheet_names)
10     workbook.close()
11     app.quit()
```

> 这段代码的作用是使用 xlwings 模块读取一个工作簿中所有工作表的名称，并将这些名称存储在一个列表中。
>
> 具体来说，这段代码使用 xlwings 模块中的 App 对象连接到 Excel 程序，使用 Books 对象打开指定路径的工作簿，使用 Sheets 对象获取工作簿中的所有工作表对象。然后通过遍历所有工作表对象，使用 name 属性获取每个工作表的名称，再将这些名称依次添加到一个空列表中，最终输出这个列表。
>
> 在实际工作中，这段代码适用于需要了解工作簿中已有哪些工作表的场景。例如，在一个工作簿中新增工作表时，为了避免新工作表与原有工作表在名称上产生冲突，需要先了解工作簿中包含哪些工作表。此外，这段代码还可以作为 Python 处理工作簿的入门示例，供初学者参考。

以上代码使用的是 xlwings 模块，如果想使用其他模块实现此功能，你有什么好的建议吗？

> 除了 xlwings 模块之外，Python 还有一些其他模块可以用来实现读取工作簿中所有工作表名称的功能，以下是一些常用的模块：
>
> - openpyxl：一个专门用于读写 ".xlsx"".xlsm"".xltx"".xltm" 等格式工作簿的模块。
> - xlrd：一个专门用于读写 ".xls" 格式工作簿的模块。
> - pandas：一个数据处理和分析模块，也支持读写多种格式的工作簿。
>
> 这些模块各有特点，需要根据实际情况选择合适的模块。例如，如果需要进行大量的数据处理和分析，可以选择使用 pandas 模块，如果只是需要读取工作簿中的数据，可以选择使用 openpyxl 模块或 xlrd 模块。

👤 我想使用pandas模块读取工作簿中所有工作表的名称，请帮我编写相应的Python代码。

🤖 以下是使用pandas模块读取工作簿中所有工作表名称的Python代码示例：

```
1  import pandas as pd
2  # 读取工作簿
3  excel_file = pd.ExcelFile('新能源汽车备案信息.xlsx')
4  # 获取所有工作表的名称
5  sheet_names = excel_file.sheet_names
6  # 输出所有工作表的名称
7  print(sheet_names)
```

首先导入pandas模块，然后使用ExcelFile对象读取指定路径的工作簿，再用sheet_names属性获取包含工作簿中所有工作表名称的列表，最后输出这个列表。

👤 我希望通过对话框来自行选择需要处理的工作簿。请帮我修改代码。

🤖 好的，你可以使用tkinter模块创建一个简单的对话框来获取文件路径。下面是修改后的代码示例：

```
1  import pandas as pd
2  import tkinter as tk
3  from tkinter import filedialog
4  # 创建Tkinter窗口
5  root = tk.Tk()
6  root.withdraw()
7  # 弹出对话框选择工作簿
```

```
 8    file_path = filedialog.askopenfilename(filetypes=[('Ex-
      cel files', '*.xlsx;*.xls')])
 9    # 读取工作簿
10    excel_file = pd.ExcelFile(file_path)
11    # 获取所有工作表的名称
12    sheet_names = excel_file.sheet_names
13    # 输出所有工作表的名称
14    print(sheet_names)
```

上述代码使用了 tkinter 模块中的 filedialog 对象来创建一个文件选择对话框，用户可以通过这个对话框选择需要处理的工作簿。首先，创建一个 Tkinter 窗口并隐藏它，然后调用 filedialog.askopenfilename() 函数，弹出对话框让用户选择工作簿，选择的文件路径会保存在变量 file_path 中。接下来的代码与前面相同。

◎ 验证代码

在 Python 编辑器中运行代码，会弹出一个"打开"对话框，在对话框中选择工作簿，然后单击"打开"按钮，如图 6-2 所示。

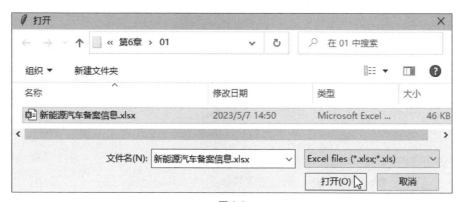

图 6-2

代码运行完毕后,在 IDLE Shell 窗口中会输出如下所示的结果,即所选工作簿中所有工作表的名称。

```
1  ['汽车备案信息', '7月乘用车信息', '7月商用车信息', '8月乘用车信息', '8月商用车信息', '9月乘用车信息', '9月商用车信息']
```

◎ 知识扩展

(1)如果安装了 0.28.1 及以上版本的 xlwings,可以使用 Book 对象的 sheet_names 属性快速获取包含所有工作表名称的列表。演示代码如下:

```
1  import xlwings as xw
2  app = xw.App(visible=False, add_book=False)
3  workbook = app.books.open('新能源汽车备案信息.xlsx')
4  sheet_names = workbook.sheet_names
5  print(sheet_names)
6  workbook.close()
7  app.quit()
```

(2)askopenfilename() 函数用于创建一个文件选择对话框,让用户选择需要打开的文件。该函数的语法格式如下:

askopenfilename(initialdir, title, filetypes)

其中,参数 initialdir 用于指定对话框打开时显示的初始文件夹,如果不指定,则默认为当前工作目录;参数 title 用于指定对话框的标题;参数 filetypes 用于指定可供选择的文件类型及其扩展名,例如,本案例的代码中指定了工作簿的扩展名为".xlsx"和".xls"。

askopenfilename() 函数会返回用户所选择的文件的路径,如果用户单击"取消"按钮,则返回一个空字符串。一般来说,我们需要将返回的文件路径保存在一个变量中,然后对这个文件进行相应的操作。

案例 02　在多个工作簿中批量新增工作表

◎ 代码文件：在多个工作簿中批量新增工作表.py
◎ 数据文件：上半年销售统计（文件夹）

文件夹"上半年销售统计"中有多个工作簿，如图 6-3 所示。每个工作簿中只有一个工作表"Sheet1"，如图 6-4 所示。

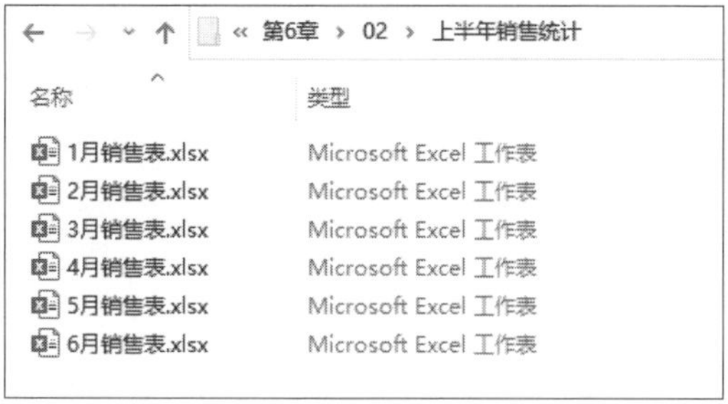

图 6-3

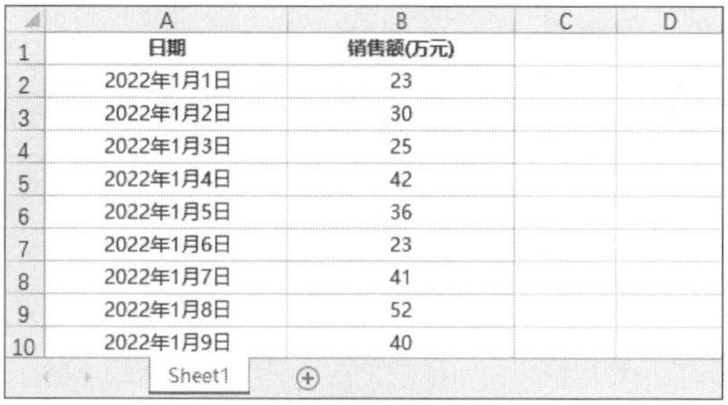

图 6-4

◎ 人机对话

在来源文件夹"上半年销售统计"中有多个工作簿，现在需要在这些工作簿中都新增一个名为"产品信息表"的空白工作表，并将修改后的工作簿另存到目标文件夹"添加工作表"中。目标文件夹需位于来源文件夹的父文件夹下。请帮我编写相应的 Python 代码。

以下是实现您需求的 Python 代码：

```
1    # 导入Path对象和xlwings模块
2    from pathlib import Path
3    import xlwings as xw
4    # 启动Excel
5    app = xw.App(visible=False, add_book=False)
```

```python
6    # 定义来源文件夹和目标文件夹的路径
7    src_folder = Path('上半年销售统计')
8    dst_folder = src_folder.parent / '添加工作表'
9    # 如果目标文件夹不存在则创建该文件夹
10   if not dst_folder.exists():
11       dst_folder.mkdir()
12   # 获取来源文件夹下所有工作簿的路径列表
13   file_list = src_folder.glob('*.xls*')
14   # 指定新工作表的名称
15   new_sheet_name = '产品信息表'
16   # 遍历每一个工作簿，打开工作簿后执行所需操作，然后另存和关闭
     工作簿
17   for i in file_list:
18       # 如果文件名以"~$"开头，则跳过文件不做处理
19       if i.name.startswith('~$'):
20           continue
21       # 打开当前工作簿
22       workbook = app.books.open(i)
23       # 获取当前工作簿中的所有工作表
24       worksheets = workbook.sheets
25       # 定义一个列表用于存储所有工作表的名称
26       sheet_names = []
27       for j in worksheets:
28           # 获取工作表名称并添加到列表中
29           sheet_name = j.name
30           sheet_names.append(sheet_name)
31       # 判断要新增的工作表是否已存在，如果不存在则新增工作表
```

```
32          if new_sheet_name not in sheet_names:
33              worksheets.add(name=new_sheet_name)
34          # 将当前工作簿另存到目标文件夹中
35          new_path = dst_folder / i.name
36          workbook.save(new_path)
37          # 关闭当前工作簿
38          workbook.close()
39  # 退出Excel
40  app.quit()
```

这段代码通过pathlib模块中Path对象的glob()函数遍历指定文件夹下的所有工作簿，使用xlwings模块打开每个工作簿，并检查其中是否存在名为"产品信息表"的工作表，如果不存在，则在该工作簿中添加该工作表，然后保存和关闭该工作簿。

◎ 验证代码

在Python编辑器中运行代码后，打开文件夹"添加工作表"中的任意两个工作簿，可看到新增的工作表"产品信息表"，如图6-5和图6-6所示。

图 6-5

图 6-6

◎ 知识扩展

（1）本案例的代码使用了xlwings模块中Sheets对象的add()函数在工作簿中新增空白

工作表，其语法格式如下：

表达式 .add(name, before, after)

表达式是一个 Sheets 对象，通常用 Book 对象的 sheets 属性来访问。

参数 name 用于指定插入的空白工作表的名称，如果同名工作表已存在，则会报错。如果省略该参数，则使用 Sheet1、Sheet2 等默认的名称。

参数 before / after 用于指定一个已有工作表（可为一个字符串或一个 Sheet 对象），空白工作表将被插入到该工作表之前 / 之后。这两个参数不能同时指定，如果同时省略这两个参数，则在当前活动工作表之前插入空白工作表。

（2）continue 语句用于在循环过程中提前结束本轮循环，紧接着继续执行下一轮循环。在本案例的代码中，当遍历到的工作簿文件名以"~$"开头时，说明它是一个无法打开的临时文件，故使用 continue 语句来提前终止本轮循环，从而达到跳过临时文件不做处理的目的。

案例 03　在多个工作簿中批量删除工作表

◎ 代码文件：在多个工作簿中批量删除工作表.py
◎ 数据文件：汽车信息（文件夹）

文件夹"汽车信息"中有 6 个工作簿，如图 6-7 所示。每个工作簿中都有一个空白工作表"Sheet1"，如图 6-8 所示。

图 6-7

图 6-8

◎ 人机对话

> 来源文件夹"汽车信息"中有 6 个工作簿,每个工作簿中都有一个无用的空白工作表"Sheet1",现在需要删除该工作表,并将修改后的工作簿另存到目标文件夹"删除工作表"中。目标文件夹需位于来源文件夹的父文件夹下。请帮我编写相应的 Python 代码。

以下是实现您需求的 Python 代码:

```python
# 导入必要的模块
from pathlib import Path
import xlwings as xw
# 启动Excel
app = xw.App(visible=False, add_book=False)
# 定义来源文件夹和目标文件夹的路径
src_folder = Path('汽车信息')
dst_folder = src_folder.parent / '删除工作表'
# 如果目标文件夹不存在则创建该文件夹
if not dst_folder.exists():
    dst_folder.mkdir()
# 获取来源文件夹下所有工作簿的路径列表
file_list = src_folder.glob('*.xls*')
# 指定要删除的工作表的名称
del_sheet_name = 'Sheet1'
# 遍历每一个工作簿,打开工作簿后执行所需操作,然后另存和关闭工作簿
for i in file_list:
    # 如果文件名以"~$"开头,则跳过文件不做处理
    if i.name.startswith('~$'):
```

```python
20          continue
21      # 打开当前工作簿
22      workbook = app.books.open(i)
23      # 获取当前工作簿中的所有工作表
24      worksheets = workbook.sheets
25      # 遍历当前工作簿的所有工作表
26      for j in worksheets:
27          # 获取当前工作表的名称
28          sheet_name = j.name
29          # 如果当前工作表的名称为要删除的名称,就删除该工作表
30          if sheet_name == del_sheet_name:
31              j.delete()
32              break
33      # 将当前工作簿另存到目标文件夹中
34      new_path = dst_folder / i.name
35      workbook.save(new_path)
36      # 关闭当前工作簿
37      workbook.close()
38  # 退出Excel
39  app.quit()
```

这段代码通过pathlib模块中Path对象的glob()函数遍历指定文件夹下的所有工作簿,使用xlwings模块打开每个工作簿,并遍历工作簿中的每个工作表,检查其名称是否为"Sheet1",如果是,则删除该工作表,然后保存和关闭该工作簿。

◎ 验证代码

在Python编辑器中运行代码后,打开文件夹"删除工作表"中的任意两个工作簿,可

看到原有的工作表“Sheet1”都被删除了，如图 6-9 和图 6-10 所示。

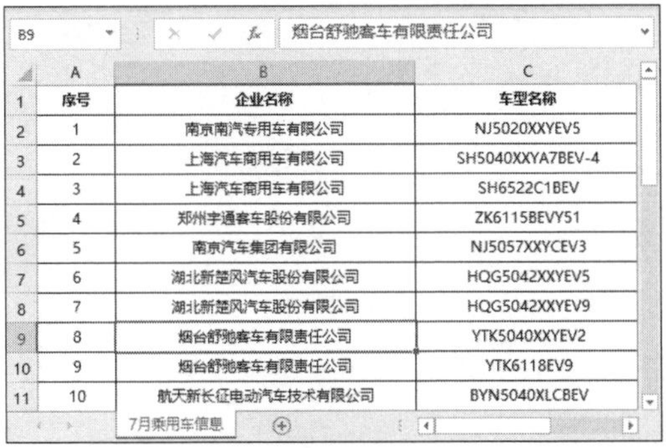

B9 烟台舒驰客车有限责任公司

序号	企业名称	车型名称
1	南京南汽专用车有限公司	NJ5020XXYEV5
2	上海汽车商用车有限公司	SH5040XXYA7BEV-4
3	上海汽车商用车有限公司	SH6522C1BEV
4	郑州宇通客车股份有限公司	ZK6115BEVY51
5	南京汽车集团有限公司	NJ5057XXYCEV3
6	湖北新楚风汽车股份有限公司	HQG5042XXYEV5
7	湖北新楚风汽车股份有限公司	HQG5042XXYEV9
8	烟台舒驰客车有限责任公司	YTK5040XXYEV2
9	烟台舒驰客车有限责任公司	YTK6118EV9
10	航天新长征电动汽车技术有限公司	BYN5040XLCBEV

7月乘用车信息

图 6-9

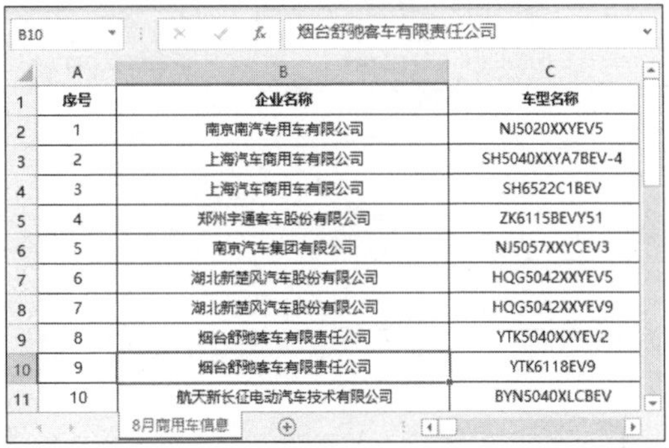

B10 烟台舒驰客车有限责任公司

序号	企业名称	车型名称
1	南京南汽专用车有限公司	NJ5020XXYEV5
2	上海汽车商用车有限公司	SH5040XXYA7BEV-4
3	上海汽车商用车有限公司	SH6522C1BEV
4	郑州宇通客车股份有限公司	ZK6115BEVY51
5	南京汽车集团有限公司	NJ5057XXYCEV3
6	湖北新楚风汽车股份有限公司	HQG5042XXYEV5
7	湖北新楚风汽车股份有限公司	HQG5042XXYEV9
8	烟台舒驰客车有限责任公司	YTK5040XXYEV2
9	烟台舒驰客车有限责任公司	YTK6118EV9
10	航天新长征电动汽车技术有限公司	BYN5040XLCBEV

8月商用车信息

图 6-10

◎ 知识扩展

（1）本案例的代码使用了 xlwings 模块中 Sheet 对象的 delete() 函数删除工作表，该函数没有参数。

（2）break 语句用于提前结束其所在的整个循环。本案例的代码有两层循环，当在内层循环中找到并删除指定的工作表后，使用 break 语句来终止内层循环，从而避免继续遍历其他工作表。这样可以提高代码的效率，因为一旦找到要删除的工作表，就没有必要继续遍历其他工作表了。

案例 04　重命名一个工作簿中的所有工作表

◎ 代码文件：重命名一个工作簿中的所有工作表.py

◎ 数据文件：上半年销售统计.xlsx

工作簿“上半年销售统计 .xlsx”中有多个工作表，其名称均为“× 月销售表”的格式，如图 6-11 所示。

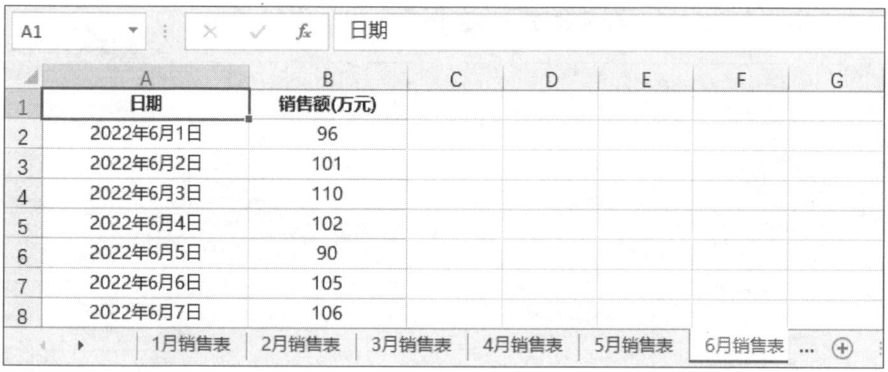

图 6-11

◎ 人机对话

工作簿"上半年销售统计.xlsx"中有多个工作表,其名称均为"×月销售表"的格式,现在需要删除这些工作表名称中的"销售表",并将修改后的工作簿另存为一个新文件。请帮我编写相应的 Python 代码。

以下是实现您需求的 Python 代码:

```
import xlwings as xw
# 启动Excel
app = xw.App(visible=False, add_book=False)
# 打开工作簿
workbook = app.books.open('上半年销售统计.xlsx')
# 获取所有工作表
worksheets = workbook.sheets
# 遍历工作表,将工作表名称中的"销售表"替换为空字符串
for i in worksheets:
    i.name = i.name.replace('销售表', '')
# 另存修改后的工作簿
```

```
12    workbook.save('上半年销售统计_重命名.xlsx')
13    # 关闭工作簿
14    workbook.close()
15    # 退出Excel
16    app.quit()
```

这段代码使用 xlwings 模块启动 Excel 应用程序，打开工作簿"上半年销售统计.xlsx"，遍历其中的每个工作表，将工作表名称中的字符串"销售表"替换为空字符串，并将修改后的工作簿另存为"上半年销售统计_重命名.xlsx"，最后关闭工作簿和 Excel 应用程序。

◎ 验证代码

在 Python 编辑器中运行代码后，打开生成的工作簿"上半年销售统计_重命名.xlsx"，可看到工作表名称中的"销售表"字样都被删除了，如图 6-12 所示。

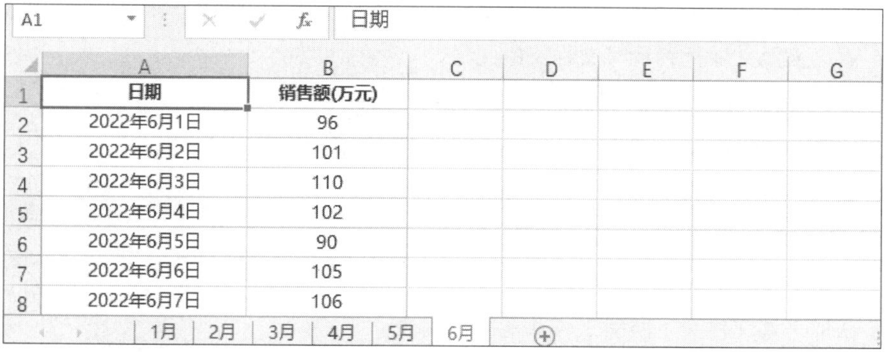

	A	B	C	D	E	F	G
1	日期	销售额(万元)					
2	2022年6月1日	96					
3	2022年6月2日	101					
4	2022年6月3日	110					
5	2022年6月4日	102					
6	2022年6月5日	90					
7	2022年6月6日	105					
8	2022年6月7日	106					

1月 2月 3月 4月 5月 6月

图 6-12

◎ 知识扩展

如果需要对一个文件夹下多个工作簿中的同名工作表进行重命名，可以参照前面几个案例的思路修改代码。文件夹"销售统计"下有多个工作簿，如图 6-13 所示。每个工作簿中都有一个工作表"产品信息"，如图 6-14 所示。

图6-13

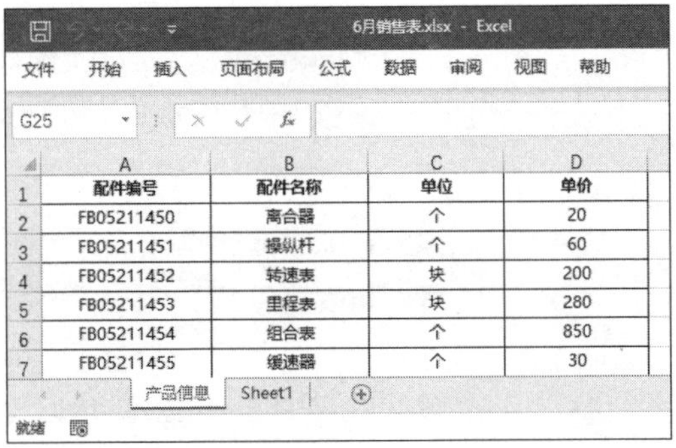

图6-14

将所有工作簿中的工作表"产品信息"重命名为"配件信息"的代码如下:

```
1    # 导入Path对象和xlwings模块
2    from pathlib import Path
3    import xlwings as xw
4    # 创建一个不可见的Excel实例,不添加新工作簿
5    app = xw.App(visible=False, add_book=False)
6    # 定义来源文件夹和目标文件夹的路径
7    src_folder = Path('销售统计')
8    dst_folder = src_folder.parent / '重命名工作表'
9    # 如果目标文件夹不存在则创建该文件夹
10   if not dst_folder.exists():
11       dst_folder.mkdir()
12   # 获取来源文件夹下所有工作簿的路径列表
13   file_list = src_folder.glob('*.xls*')
14   # 指定工作表的旧名称和新名称
15   old_sheet_name = '产品信息'
16   new_sheet_name = '配件信息'
17   # 遍历每一个工作簿,打开后执行所需操作,然后另存并关闭工作簿
```

```
18    for i in file_list:
19        # 如果文件名以"~$"开头,则跳过文件不做处理
20        if i.name.startswith('~$'):
21            continue
22        # 打开当前工作簿
23        workbook = app.books.open(i)
24        # 获取当前工作簿中的所有工作表
25        worksheets = workbook.sheets
26        # 定义一个列表用于存储所有工作表的名称
27        sheet_names = []
28        for j in worksheets:
29            # 获取工作表名称并添加到列表中
30            sheet_name = j.name
31            sheet_names.append(sheet_name)
32        # 判断要重命名的工作表是否存在,如果存在则进行重命名
33        if old_sheet_name in sheet_names:
34            # 用旧名称引用工作表
35            worksheet = worksheets[old_sheet_name]
36            # 对引用的工作表进行重命名
37            worksheet.name = new_sheet_name
38        # 将当前工作簿另存到目标文件夹中
39        new_path = dst_folder / i.name
40        workbook.save(new_path)
41        # 关闭当前工作簿
42        workbook.close()
43    # 退出Excel实例
44    app.quit()
```

在 Python 编辑器中运行代码后，打开文件夹“重命名工作表”中的任意两个工作簿，可以看到批量重命名的效果，如图 6-15 和图 6-16 所示。

配件编号	配件名称	单位	单价
FB05211450	离合器	个	20
FB05211451	操纵杆	个	60
FB05211452	转速表	块	200
FB05211453	里程表	块	280
FB05211454	组合表	个	850
FB05211455	缓速器	个	30

图 6-15

配件编号	配件名称	单位	单价
FB05211450	离合器	个	20
FB05211451	操纵杆	个	60
FB05211452	转速表	块	200
FB05211453	里程表	块	280
FB05211454	组合表	个	850
FB05211455	缓速器	个	30

图 6-16

案例 05　将一个工作表中的数据分组拆分为多个工作表

◎ 代码文件：将一个工作表中的数据分组拆分为多个工作表.py

◎ 数据文件：销售表.xlsx

工作簿“销售表 .xlsx”的工作表“总表”中有一个数据表格，包含多种产品的销售数据，如离合器、里程表、转速表等，如图 6-17 所示。

单号	销售日期	产品名称	成本价	销售价	销售数量	产品成本
20230001	2023/1/1	离合器	¥20	¥55	60	¥1,200
20230002	2023/1/2	操纵杆	¥60	¥109	45	¥2,700
20230003	2023/1/3	转速表	¥200	¥350	50	¥10,000
20230004	2023/1/4	离合器	¥20	¥55	23	¥460
20230005	2023/1/5	里程表	¥850	¥1,248	26	¥22,100
20230006	2023/1/6	操纵杆	¥60	¥109	85	¥5,100
20230007	2023/1/7	转速表	¥200	¥350	78	¥15,600
20230008	2023/1/8	转速表	¥200	¥350	100	¥20,000
20230009	2023/1/9	离合器	¥20	¥55	25	¥500
20230010	2023/1/10	转速表	¥200	¥350	850	¥170,000
20230011	2023/1/11	组合表	¥850	¥1,248	63	¥53,550
20230012	2023/1/12	操纵杆	¥60	¥109	55	¥3,300

图 6-17

◎ 人机对话

> 工作簿"销售表.xlsx"的工作表"总表"中有一个数据表格，包含多种产品的销售数据，现在需要读取"总表"中的数据并按照"产品名称"列分组，然后将每组数据分别写入一个新工作簿"各产品销售表.xlsx"的不同工作表中。请帮我编写相应的 Python 代码。

以下是实现您需求的 Python 代码：

```
1  import pandas as pd
2  # 从工作簿"销售表.xlsx"的工作表"总表"中读取数据
3  data = pd.read_excel('销售表.xlsx', sheet_name='总表')
4  # 按照"产品名称"列对数据进行分组
5  pro_data = data.groupby(by='产品名称')
6  # 将每组数据写入新工作簿的不同工作表中
7  with pd.ExcelWriter('各产品销售表.xlsx') as workbook:
8      for i, j in pro_data:
9          j.to_excel(workbook, sheet_name=i, index=False)
```

这段代码首先使用 pandas 模块的 read_excel() 函数从工作簿"销售表.xlsx"的工作表"总表"中读取数据，并将数据存储在一个 DataFrame 对象中；然后使用 groupby() 函数按照"产品名称"对数据进行分组，并将分组后的数据存储在一个 GroupBy 对象中；最后使用 ExcelWriter 对象创建一个新工作簿"各产品销售表.xlsx"，并循环遍历 GroupBy 对象中的每组数据，用 to_excel() 函数将每组数据分别写入新工作簿的不同工作表中，其中，参数 sheet_name 用于指定工作表的名称，参数 index 用于指定是否写入行标签。

◎ 验证代码

在 Python 编辑器中运行代码后，打开生成的工作簿"各产品销售表.xlsx"，可看到多个以产品名称命名的工作表，每个工作表中只有相应产品的数据，如图 6-18 所示。

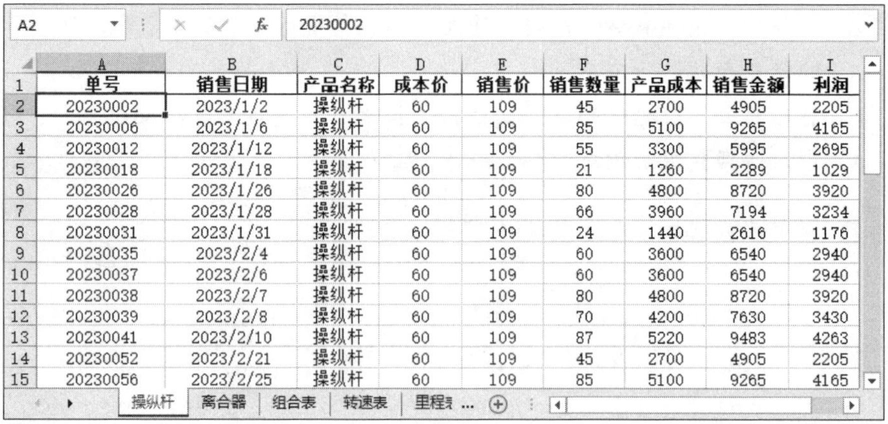

单号	销售日期	产品名称	成本价	销售价	销售数量	产品成本	销售金额	利润
20230002	2023/1/2	操纵杆	60	109	45	2700	4905	2205
20230006	2023/1/6	操纵杆	60	109	85	5100	9265	4165
20230012	2023/1/12	操纵杆	60	109	55	3300	5995	2695
20230018	2023/1/18	操纵杆	60	109	21	1260	2289	1029
20230026	2023/1/26	操纵杆	60	109	80	4800	8720	3920
20230028	2023/1/28	操纵杆	60	109	66	3960	7194	3234
20230031	2023/1/31	操纵杆	60	109	24	1440	2616	1176
20230035	2023/2/4	操纵杆	60	109	60	3600	6540	2940
20230037	2023/2/6	操纵杆	60	109	60	3600	6540	2940
20230038	2023/2/7	操纵杆	60	109	80	4800	8720	3920
20230039	2023/2/8	操纵杆	60	109	70	4200	7630	3430
20230041	2023/2/10	操纵杆	60	109	87	5220	9483	4263
20230052	2023/2/21	操纵杆	60	109	45	2700	4905	2205
20230056	2023/2/25	操纵杆	60	109	85	5100	9265	4165

图 6-18

◎ 知识扩展

（1）如果想将分组后的数据分别保存为指定文件夹下的多个独立工作簿，可以修改 ExcelWriter 对象中的工作簿路径。代码如下：

```python
from pathlib import Path
import pandas as pd
# 创建存储数据的目标文件夹
dst_folder = Path('拆分数据')
if not dst_folder.exists():
    dst_folder.mkdir()
# 从工作簿"销售表.xlsx"的工作表"总表"中读取数据
data = pd.read_excel('销售表.xlsx', sheet_name='总表')
# 按照"产品名称"列对数据进行分组
pro_data = data.groupby(by='产品名称')
# 将每组数据写入目标文件夹下的新工作簿中
```

```
12    for i, j in pro_data:
13        # 拼接新工作簿的路径
14        file_name = dst_folder / (i + '.xlsx')
15        with pd.ExcelWriter(file_name) as workbook:
16            j.to_excel(workbook, sheet_name='销售记录', index=False)
```

在 Python 编辑器中运行代码后,打开文件夹"拆分数据",可看到多个以产品名称命名的工作簿,如图 6-19 所示。每个工作簿中都有相应产品的数据,这里不再展示。

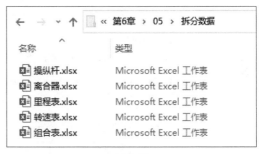

图 6-19

(2) pandas 模块的 read_excel() 函数只读取数据表格的内容,会忽略字体格式、数字格式、边框格式等格式设置。如果想要保留原先的格式设置,可以使用 xlwings 模块通过复制单元格区域的方式分组拆分数据表格。演示代码如下:

```
1  import xlwings as xw
2  # 启动Excel
3  app = xw.App(visible=False, add_book=False)
4  # 打开来源工作簿
5  src_book = app.books.open('销售表.xlsx')
6  # 在来源工作簿中选取工作表"总表",作为来源工作表
7  src_sheet = src_book.sheets['总表']
8  # 在来源工作表中选取表头和表身
9  header_rng = src_sheet.range('A1').expand('right')
```

```python
10    body_rng = src_sheet.range('A2').expand('table')
11    # 提取"产品名称"列数据的唯一值
12    col_no = 2
13    group_names = set(body_rng.columns[col_no].value)
14    # 新建一个工作簿作为目标工作簿
15    dst_book = app.books.add()
16    # 在目标工作簿中创建目标工作表并复制表头
17    for group_name in group_names:
18        # 创建用产品名称命名的目标工作表
19        dst_sheet = dst_book.sheets.add(name=group_name, after=dst_book.sheets[-1])
20        # 将表头复制到目标工作表
21        header_rng.copy(destination=dst_sheet.range('A1'))
22        # 将表头复制到剪贴板
23        header_rng.copy()
24        # 将剪贴板中表头的列宽设置粘贴到目标工作表中的表头上
25        dst_sheet.range('A1').expand('right').paste(paste='column_widths')
26    # 按行遍历表身
27    for row in body_rng.rows:
28        # 获取当前行的产品名称
29        sheet_name = str(row.columns[col_no].value)
30        # 根据产品名称选取目标工作表
31        dst_sheet = dst_book.sheets[sheet_name]
32        # 在目标工作表中选取A列的第1个空白单元格,作为复制的目标位置
33        dst_cell = dst_sheet.range('A1').expand('down').last_cell.offset(row_offset=1)
```

```
34          # 将当前行复制到目标位置
35          row.copy(destination=dst_cell)
36  # 关闭来源工作簿
37  src_book.close()
38  # 保存目标工作簿
39  dst_book.save('各产品销售表1.xlsx')
40  # 关闭目标工作簿
41  dst_book.close()
42  # 退出Excel
43  app.quit()
```

案例 06 合并多个工作表中的数据

◎ 代码文件：合并多个工作表中的数据.py
◎ 数据文件：上半年销售统计.xlsx

工作簿"上半年销售统计.xlsx"中有多个工作表，每个工作表中都有一个结构相同的数据表格，如图 6-20 所示。

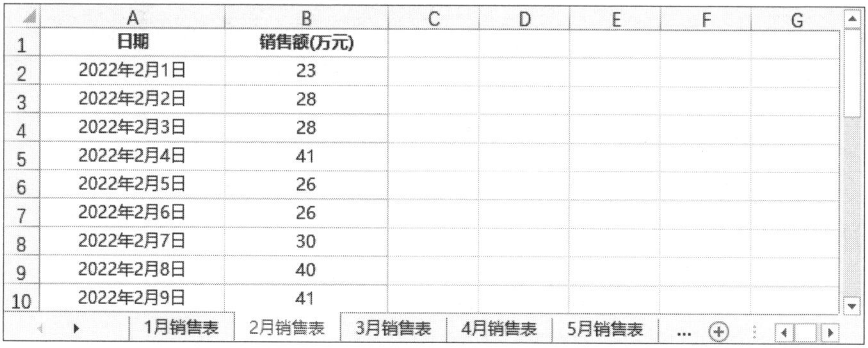

图 6-20

◎ 人机对话

> 工作簿"上半年销售统计.xlsx"中有多个工作表,每个工作表中都有一个结构相同的数据表格,现在需要将这些数据表格纵向合并在一起,并保存到一个新工作簿"上半年销售统计_合并.xlsx"的工作表"总表"中。请帮我编写相应的 Python 代码。

> 以下是实现您需求的 Python 代码:

```python
import pandas as pd
# 读取工作簿中所有工作表的数据
df_all = pd.read_excel('上半年销售统计.xlsx', sheet_name=None)
# 将所有工作表的数据合并到一个新的DataFrame中
merged_df = pd.concat(df_all)
# 将合并后的数据保存到新的工作簿中
merged_df.to_excel('上半年销售统计_合并.xlsx', sheet_name='总表', index=False)
```

这段代码首先使用 pandas 模块的 read_excel() 函数读取指定工作簿中的数据,其中参数 sheet_name 设置为 None,表示读取所有工作表的数据,读取结果是一个字典,字典的键是工作表的名称,字典的值则是包含工作表中数据的 DataFrame 对象;然后使用 pandas 模块的 concat() 函数将读取的数据纵向合并成一个新的 DataFrame 对象;最后将合并后的数据保存到一个新工作簿中。

◎ 验证代码

在 Python 编辑器中运行代码后,打开生成的工作簿"上半年销售统计_合并.xlsx",可在工作表"总表"中看到合并后的数据,如图 6-21 所示。

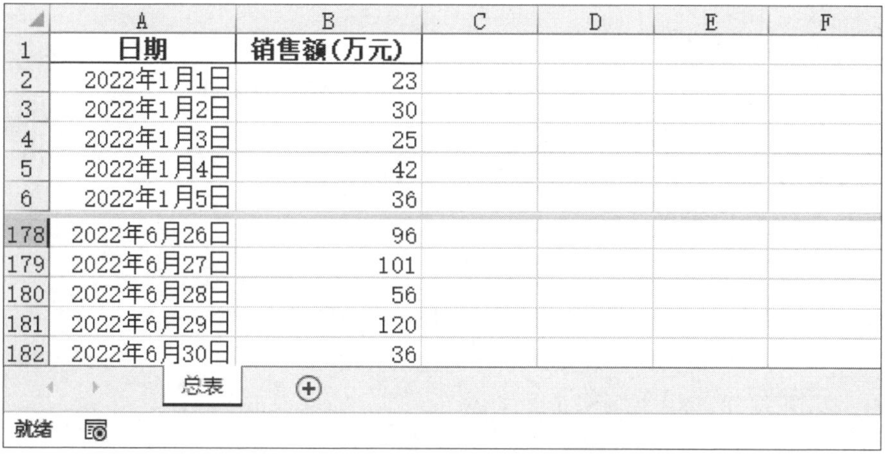

图 6-21

◎ 知识扩展

pandas 模块的 read_excel() 函数只读取数据表格的内容，会忽略字体格式、数字格式、边框格式等格式设置。如果想要保留原先的格式设置，可以使用 xlwings 模块通过复制单元格区域的方式合并数据表格。演示代码如下：

```
1   import xlwings as xw
2   # 启动Excel
3   app = xw.App(visible=False, add_book=False)
4   # 打开来源工作簿
5   src_book = app.books.open('上半年销售统计.xlsx')
6   # 新建一个工作簿作为目标工作簿
7   dst_book = app.books.add()
8   # 选取目标工作簿的第1个工作表，作为存放合并数据的目标工作表
9   dst_sheet = dst_book.sheets[0]
10  # 重命名目标工作表
11  dst_sheet.name = '总表'
```

```python
12      # 在来源工作簿的第1个工作表中选取表头
13      header_rng = src_book.sheets[0].range('A1').expand('right')
14      # 将表头复制到目标工作表
15      header_rng.copy(destination=dst_sheet.range('A1'))
16      # 将表头复制到剪贴板
17      header_rng.copy()
18      # 将剪贴板中表头的列宽设置粘贴到目标工作表中的表头上
19      dst_sheet.range('A1').expand('right').paste(paste='column_widths')
20      # 遍历来源工作簿中的所有工作表
21      for i in src_book.sheets:
22          # 在目标工作表中选取A列的第1个空白单元格，作为复制的目标位置
23          dst_cell = dst_sheet.range('A1').expand('down').last_cell.offset(row_offset=1)
24          # 在来源工作表中选取表头下方的表身
25          body_rng = i.range('A2').expand('table')
26          # 将表身复制到目标工作表的目标位置
27          body_rng.copy(destination=dst_cell)
28      # 关闭来源工作簿
29      src_book.close()
30      # 保存目标工作簿
31      dst_book.save('上半年销售统计_合并1.xlsx')
32      # 关闭目标工作簿
33      dst_book.close()
34      # 退出Excel
35      app.quit()
```

案例 07　批量打印多个工作表

◎ 代码文件：批量打印多个工作表.py
◎ 数据文件：各产品销售表.xlsx

工作簿"各产品销售表.xlsx"中有多个工作表，每个工作表中都有一个待打印的数据表格，如图 6-22 所示。为了获得既美观又节约纸张的打印效果，需要在打印前进行适当的页面设置。

图 6-22

◎ 人机对话

> 工作簿"各产品销售表.xlsx"中有多个工作表，每个工作表中都有一个数据表格，现在需要将这些数据表格用打印机"HP-01"打印出来。页面设置的要求为：纸张大小为 B5（ISO）；纸张方向为横向；将表格的宽度缩至 1 页宽；表格在水平方向上居中；在每一页上重复打印表头；打印网格线；页码格式为"第 × 页，共 × 页"。请帮我编写相应的 Python 代码。

> 以下是实现您需求的 Python 代码：

```
import xlwings as xw
# 启动Excel
```

```python
app = xw.App(visible=False, add_book=False)
# 打开工作簿
workbook = app.books.open('各产品销售表.xlsx')
# 遍历工作簿中的所有工作表
for worksheet in workbook.sheets:
    # 获取VBA中的PageSetup对象
    ps = worksheet.api.PageSetup
    # 利用PageSetup对象的属性进行页面设置
    ps.PaperSize = 34   # 设置纸张大小为B5（ISO）
    ps.Orientation = 2   # 设置纸张方向为横向
    ps.Zoom = False   # 关闭缩放比例设置
    ps.FitToPagesWide = 1   # 将表格的宽度缩至1页宽
    ps.FitToPagesTall = False   # 不缩放表格的高度
    ps.CenterHorizontally = True   # 设置表格在水平方向上居中
    ps.CenterVertically = False   # 设置表格不在垂直方向上居中
    ps.PrintTitleRows = '$1:$1'   # 在每一页上重复打印表头
    ps.PrintGridlines = True   # 打印网格线
    ps.CenterFooter = '第 &P 页，共 &N 页'   # 设置页码
# 遍历工作簿中的所有工作表
for worksheet in workbook.sheets:
    # 打印工作表
    worksheet.api.PrintOut(Copies=1, ActivePrinter='HP-01', Collate=True)
# 另存工作簿
workbook.save('各产品销售表_页面设置.xlsx')
```

```
27   # 关闭工作簿
28   workbook.close()
29   # 退出Excel
30   app.quit()
```

◎ 验证代码

在 Python 编辑器中运行代码,即可将每个工作表的内容按指定的页面设置用打印机打印出来。以工作表"离合器"为例,其第 2 页的打印效果如图 6-23 所示。

单号	销售日期	产品名称	成本价	销售价	销售数量	产品成本	销售金额	利润
20230143	2023/05/22	离合器	¥ 20.00	¥ 55.00	80	¥ 1,600.00	¥ 4,400.00	¥ 2,800.00
20230147	2023/05/26	离合器	¥ 20.00	¥ 55.00	63	¥ 1,260.00	¥ 3,465.00	¥ 2,205.00
20230149	2023/05/28	离合器	¥ 20.00	¥ 55.00	63	¥ 1,260.00	¥ 3,465.00	¥ 2,205.00
20230151	2023/05/30	离合器	¥ 20.00	¥ 55.00	60	¥ 1,200.00	¥ 3,300.00	¥ 2,100.00
20230154	2023/06/02	离合器	¥ 20.00	¥ 55.00	23	¥ 460.00	¥ 1,265.00	¥ 805.00
20230159	2023/06/07	离合器	¥ 20.00	¥ 55.00	25	¥ 500.00	¥ 1,375.00	¥ 875.00
20230163	2023/06/11	离合器	¥ 20.00	¥ 55.00	69	¥ 1,380.00	¥ 3,795.00	¥ 2,415.00
20230171	2023/06/19	离合器	¥ 20.00	¥ 55.00	55	¥ 1,100.00	¥ 3,025.00	¥ 1,925.00
20230177	2023/06/25	离合器	¥ 20.00	¥ 55.00	56	¥ 1,120.00	¥ 3,080.00	¥ 1,960.00
20230182	2023/06/30	离合器	¥ 20.00	¥ 55.00	15	¥ 300.00	¥ 825.00	¥ 525.00

第 2 页,共 2 页

图 6-23

◎ 知识扩展

(1)本案例代码使用 xlwings 模块中 Sheet 对象的 api 属性调用 VBA 中的 PageSetup 对象,再通过该对象的 PaperSize、Orientation、Zoom 等属性进行页面设置。限于篇幅,这里不详细介绍这些属性的用法,感兴趣的读者可以自行阅读 Excel VBA 的官方文档(https://learn.microsoft.com/zh-cn/office/vba/api/excel.pagesetup)。

(2)本案例代码使用 xlwings 模块中 Sheet 对象的 api 属性调用 VBA 中的 PrintOut() 函数打印工作表,该函数有 3 个常用参数:Copies 用于指定打印的副本数,默认值为 1,即打印 1 份;ActivePrinter 用于指定要使用的打印机,默认使用当前系统的默认打印机,可以将其设置为要使用的打印机的名称,如 'HP-01';Collate 用于指定是否逐份打印多个副本,设置为 True(默认值)时表示逐份打印每个副本,为 False 时表示先打印所有副本的第 1 页,然后打印所有副本的第 2 页,以此类推。

第7章
行、列和单元格操作

工作表由行和列组成,行和列则由一个个单元格组成。本章将讲解如何通过编写 Python 代码快速完成行、列和单元格的相关操作,如自动调整行高和列宽、追加行数据、拆分列、合并单元格、删除重复行、输入公式、复制/粘贴单元格格式等。

案例 01　根据单元格内容自动调整行高和列宽

◎ 代码文件：根据单元格内容自动调整行高和列宽.py
◎ 数据文件：新能源汽车备案信息.xlsx

工作簿"新能源汽车备案信息.xlsx"中有多个工作表，工作表"汽车备案信息"中的数据表格如图 7-1 所示。

图 7-1

◎ 人机对话

工作簿"新能源汽车备案信息.xlsx"中有多个工作表，现在需要根据单元格内容自动调整工作表"汽车备案信息"中单元格的行高和列宽，并将修改后的工作簿另存为"新能源汽车备案信息_调整.xlsx"。请帮我编写相应的 Python 代码。

以下是实现您需求的 Python 代码：

```
1  import xlwings as xw
2  # 启动Excel
3  app = xw.App(visible=False, add_book=False)
```

```python
4   # 打开工作簿
5   workbook = app.books.open('新能源汽车备案信息.xlsx')
6   # 选取工作表"汽车备案信息"
7   worksheet = workbook.sheets['汽车备案信息']
8   # 自动调整工作表的行高和列宽
9   worksheet.autofit()
10  # 另存工作簿
11  workbook.save('新能源汽车备案信息_调整.xlsx')
12  # 关闭工作簿并退出Excel
13  workbook.close()
14  app.quit()
```

这段代码首先启动 Excel 并打开指定工作簿，然后根据工作表名称选取工作表，接着使用 autofit() 函数自动调整所选工作表的行高和列宽，最后另存和关闭工作簿并退出 Excel。

◎ 验证代码

在 Python 编辑器中运行代码后，打开生成的工作簿"新能源汽车备案信息_调整.xlsx"，可看到工作表"汽车备案信息"中的行高和列宽自动根据单元格内容进行了调整，如图 7-2 所示。

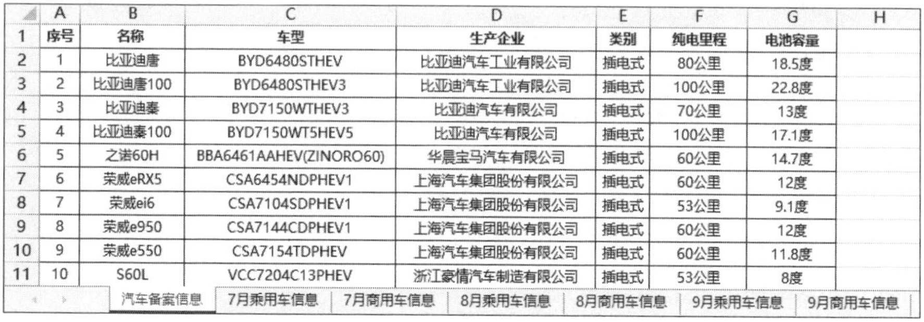

	A	B	C	D	E	F	G	H
1	序号	名称	车型	生产企业	类别	纯电里程	电池容量	
2	1	比亚迪唐	BYD6480STHEV	比亚迪汽车工业有限公司	插电式	80公里	18.5度	
3	2	比亚迪唐100	BYD6480STHEV3	比亚迪汽车工业有限公司	插电式	100公里	22.8度	
4	3	比亚迪秦	BYD7150WTHEV3	比亚迪汽车有限公司	插电式	70公里	13度	
5	4	比亚迪秦100	BYD7150WT5HEV5	比亚迪汽车有限公司	插电式	100公里	17.1度	
6	5	之诺60H	BBA6461AAHEV(ZINORO60)	华晨宝马汽车有限公司	插电式	60公里	14.7度	
7	6	荣威eRX5	CSA6454NDPHEV1	上海汽车集团股份有限公司	插电式	60公里	12度	
8	7	荣威ei6	CSA7104SDPHEV1	上海汽车集团股份有限公司	插电式	53公里	9.1度	
9	8	荣威e950	CSA7144CDPHEV1	上海汽车集团股份有限公司	插电式	60公里	12度	
10	9	荣威e550	CSA7154TDPHEV	上海汽车集团股份有限公司	插电式	60公里	11.8度	
11	10	S60L	VCC7204C13PHEV	浙江豪情汽车制造有限公司	插电式	53公里	8度	

图 7-2

◎ 知识扩展

（1）除了使用工作表名称选取工作表，还可以使用索引号选取工作表。例如，workbook.sheets[0] 表示选取第 1 个工作表，workbook.sheets[1] 表示选取第 2 个工作表，以此类推。

（2）本案例代码中的 autofit() 函数是 xlwings 模块中 Sheet 对象的函数，用于根据单元格内容自动调整整个工作表的行高和列宽。该函数只有一个参数 axis：如果省略，表示同时调整行高和列宽；如果设置为 'rows' 或 'r'，表示仅调整行高；如果设置为 'columns' 或 'c'，表示仅调整列宽。

（3）如果想要批量自动调整一个工作簿的所有工作表的行高和列宽，可以使用 for 循环来遍历所有工作表，并对每个工作表都执行自动调整行高和列宽的操作。核心代码如下：

```python
# 遍历所有工作表
for worksheet in workbook.sheets:
    # 自动调整行高和列宽
    worksheet.autofit()
```

（4）如果要自动调整指定单元格区域的行高和列宽，可以使用 xlwings 模块中 Range 对象的 autofit() 函数。核心代码如下：

```python
# 选取工作表"汽车备案信息"
worksheet = workbook.sheets['汽车备案信息']
# 在工作表中选取单元格区域E1:G26
rng = worksheet.range('E1:G26')
# 自动调整所选单元格区域的行高和列宽
rng.autofit()
```

上述代码中的 range() 函数是 xlwings 模块中 Sheet 对象的函数，用于在工作表中选取单元格区域，并返回相应的 Range 对象。

需要注意的是，与 Sheet 对象的 autofit() 函数不同，Range 对象的 autofit() 函数没有参数，所以它只能同时调整行高和列宽。如果只想调整行高或只想调整列宽，可以使用如下代码：

```
1  rng.rows.autofit()     # 只调整单元格区域的行高
2  rng.columns.autofit()  # 只调整单元格区域的列宽
```

案例 02　在多个工作簿的同名工作表中追加行数据

◎ 代码文件：在多个工作簿的同名工作表中追加行数据.py
◎ 数据文件：区域销售统计（文件夹）

文件夹"区域销售统计"中有多个工作簿，如图 7-3 所示。每个工作簿中都有一个工作表"供应商信息"，如图 7-4 所示。

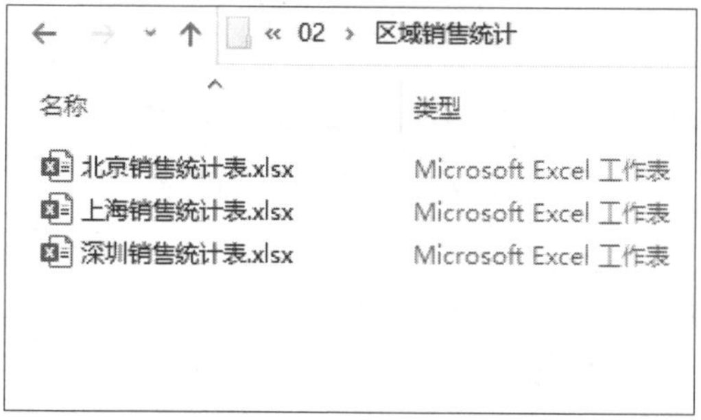

图 7-3

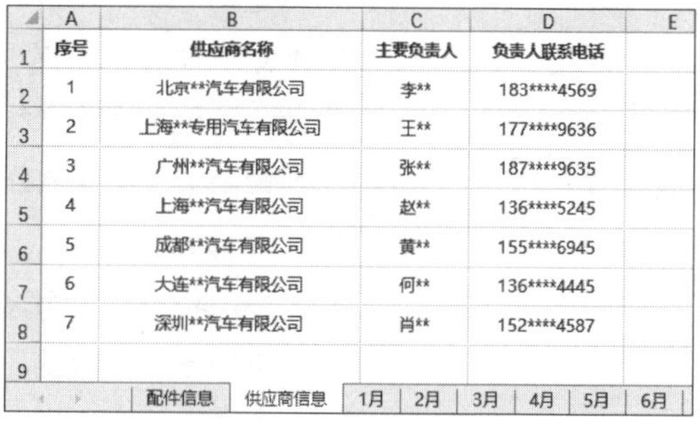

图 7-4

◎ 人机对话

来源文件夹"区域销售统计"中有多个工作簿，每个工作簿中都有一个工作表"供应商信息"，现在需要在所有工作簿的该工作表中追加以下相同的行数据：

```
"""
8  重庆**汽车有限公司   孙**  187****2245
9  四川**汽车有限公司   肖**  177****2245
```

"""

追加数据之后,将工作簿另存到目标文件夹"区域销售统计_追加数据"中。目标文件夹需位于来源文件夹的父文件夹下。请帮我编写相应的 Python 代码。

AI 以下是实现您需求的 Python 代码:

```python
from pathlib import Path
import xlwings as xw
# 定义来源文件夹和目标文件夹的路径
src_folder = Path('区域销售统计')
dst_folder = src_folder.parent / '区域销售统计_追加数据'
# 如果目标文件夹不存在则创建该文件夹
if not dst_folder.exists():
    dst_folder.mkdir()
# 给出要追加的行数据
data = [[8, '重庆**汽车有限公司', '孙**', '187****2245'], [9, '四川**汽车有限公司', '肖**', '177****2245']]
# 启动Excel
app = xw.App(visible=False, add_book=False)
# 循环遍历来源文件夹下的所有工作簿
for file_path in src_folder.glob('*.xls*'):
    # 如果文件名以 "~$" 开头,则跳过文件不做处理
    if file_path.name.startswith('~$'):
        continue
    # 打开工作簿
    workbook = app.books.open(file_path)
    # 选取要追加数据的工作表
    worksheet = workbook.sheets['供应商信息']
```

```
22      # 选取A列的第1个空白单元格
23      dst_cell = worksheet.range('A1').expand('down').last_cell.offset(row_offset=1)
24      # 以所选单元格为起点写入数据
25      dst_cell.value = data
26      # 将工作簿另存到目标文件夹
27      new_file_path = dst_folder / file_path.name
28      workbook.save(new_file_path)
29      # 关闭工作簿
30      workbook.close()
31  # 退出Excel
32  app.quit()
```

这段代码会循环遍历指定的来源文件夹中的所有工作簿，然后打开每个工作簿，并在指定的工作表中追加数据，最后将带有新数据的工作簿另存到指定的目标文件夹中。

◎ 验证代码

在 Python 编辑器中运行代码后，打开文件夹"区域销售统计_追加数据"下的任意一个工作簿，在工作表"供应商信息"中可以看到新增的两行数据，如图 7-5 所示。

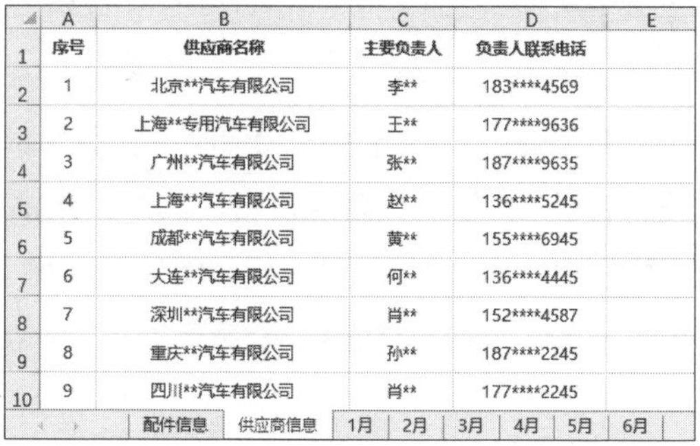

图 7-5

◎ 知识扩展

（1）expand() 函数是 xlwings 模块中 Range 对象的函数，用于扩展单元格区域的范围，直到遇到空白行或空白列为止。本案例代码中的 worksheet.range('A1').expand('down') 表示以单元格 A1 为起点向下扩展，也可以将参数设置为 'right' 或 'table'，分别表示向右扩展或向右下角扩展。

（2）last_cell 属性是 xlwings 模块中 Range 对象的属性，用于获取一个单元格区域的最后一个单元格（右下角的单元格）。

（3）offset() 函数是 xlwings 模块中 Range 对象的函数，用于将一个单元格区域向指定方向偏移指定的行数和列数。该函数有两个参数 row_offset 和 column_offset，分别用于指定偏移的行数和列数。参数值为正数表示向下／向右偏移，为负数表示向上／向左偏移，为 0 或省略表示不偏移。

（4）value 属性是 xlwings 模块中 Range 对象的属性，用于在单元格区域中读写数据。要写入的行数据以二维列表的形式给出。二维列表是指一个大列表中嵌套着一个或多个小列表，每个小列表对应一行数据，每个小列表中的元素则对应一行中各个单元格的数据。

案例 03　将工作表中的一列拆分为多列

◎ 代码文件：将工作表中的一列拆分为多列.py
◎ 数据文件：产品规格表.xlsx

工作簿"产品规格表.xlsx"的工作表"Sheet1"中有一个数据表格，其中"产品规格"列的内容是用"*"号分隔的长、宽、高值（单位：cm），如图 7-6 所示。

	A	B	C	D
1	产品名称	数量（根）	单价（元/根）	产品规格
2	PH方管	365	4500	80*80*8
3	MN方管	260	4500	100*100*5
4	KN方管	150	6000	100*80*20
5	LN方管	800	6000	100*60*50
6	RN方管	600	6200	120*120*10
7	PI方管	300	6200	120*100*10
8	TY方管	200	8000	130*130*8

图 7-6

◎ 人机对话

 工作簿"产品规格表.xlsx"的工作表"Sheet1"中有一个数据表格，其中"产品规格"列（位于 D 列）的内容是用"*"号分隔的长、宽、高值。现在需要将"产品规格"列的数据拆分为"长（cm）""宽（cm）""高（cm）"3 列，并将拆分所得的 3 列数据插入"产品规格"列的左侧。请帮我编写相应的 Python 代码。

AI 以下是实现您需求的 Python 代码：

```
1   import pandas as pd
2   import xlwings as xw
3   # 读取数据
4   df = pd.read_excel('产品规格表.xlsx', sheet_name='Sheet1')
5   # 按星号（*）拆分"产品规格"列的数据
6   new_columns = df['产品规格'].str.split(pat='*', expand=True)
7   # 分别给新的列命名
8   new_columns.columns = ['长（cm）', '宽（cm）', '高（cm）']
9   # 启动Excel
10  app = xw.App(visible=False, add_book=False)
11  # 打开工作簿
12  workbook = app.books.open('产品规格表.xlsx')
13  # 选取工作表
14  worksheet = workbook.sheets['Sheet1']
15  # 在D列左侧插入3个空白列，用于写入数据
16  for i in range(3):
17      worksheet.range('D:D').insert(shift='right', copy_origin='format_from_left_or_above')
18  # 写入拆分后的数据
19  worksheet.range('D1').options(index=False).value = new_columns
```

```
20  # 删除无用的"产品规格"列（此时为G列）
21  worksheet.range('G:G').delete(shift='left')
22  # 另存工作簿
23  workbook.save('拆分后的规格表.xlsx')
24  # 关闭工作簿
25  workbook.close()
26  # 退出Excel
27  app.quit()
```

这段代码首先使用pandas模块从工作簿中读取数据，然后按星号（*）拆分"产品规格"列的数据，接着使用xlwings模块控制Excel打开工作簿，在"产品规格"列的左侧插入3个空白列，再将拆分得到的数据写入空白列。

◎ 验证代码

在Python编辑器中运行代码后，打开生成的工作簿"拆分后的规格表.xlsx"，可看到拆分列数据的效果，如图7-7所示。

	A	B	C	D	E	F
1	产品名称	数量（根）	单价（元/根）	长（cm）	宽（cm）	高（cm）
2	PH方管	365	4500	80	80	8
3	MN方管	260	4500	100	100	5
4	KN方管	150	6000	100	80	20
5	LN方管	800	6000	100	60	50
6	RN方管	600	6200	120	120	10
7	PL方管	300	6200	120	100	10
8	TY方管	200	8000	130	130	8

图7-7

◎ 知识扩展

（1）本案例代码使用了pandas模块中的str.split()函数对一列字符串类型的数据进行拆

分。该函数的语法格式如下：

表达式 .str.split(pat, n, expand)

表达式为一个 Series 对象，通常为从 DataFrame 对象中选取的单列数据，如 df[' 产品规格 ']。

参数 pat 用于指定分隔符，如果省略，则以空格作为默认分隔符。

参数 maxsplit 用于指定拆分的次数，默认值为 -1，表示不限制拆分次数。

参数 expand 用于指定拆分结果的格式。设置为 True 时拆分结果为 DataFrame，为 False（默认值）时拆分结果为 Series。

（2）在工作表中插入空白列时使用了 xlwings 模块中 Range 对象的 insert() 函数，它的功能是在所选单元格区域的上方或左侧插入空白的单元格区域。插入的空白单元格区域的形状由所选单元格区域的形状决定。本案例代码中选取的单元格区域是整列，所以插入的空白单元格区域也是整列。该函数的语法格式如下：

表达式 .insert(shift, copy_origin)

表达式为一个 Range 对象。

参数 shift 用于指定插入空白单元格区域后原单元格区域的移动方向，设置为 'down' 时表示下移，为 'right' 时表示右移。

参数 copy_origin 用于指定空白单元格区域的格式来源，设置为 'format_from_left_or_above'（默认值）时表示从左侧或上方的单元格区域复制格式，为 'format_from_right_or_below' 时表示从右侧或下方的单元格区域复制格式。

（3）在空白列中写入拆分后的数据时使用了 xlwings 模块中 Range 对象的 options() 函数，它的功能是在单元格区域中读写数据时设置数据的格式转换选项。本案例代码中的参数 index=False 表示不写入行标签。options() 函数的参数比较多，用法也比较灵活，想要全面了解该函数的读者可以阅读官方文档（https://docs.xlwings.org/en/stable/converters.html）。

（4）删除"产品规格"列时使用了 xlwings 模块中 Range 对象的 delete() 函数，该函数的语法格式如下：

表达式.delete(shift)

表达式为一个Range对象。

参数shift用于指定删除单元格区域后如何移动相邻的单元格区域,设置为'up'时表示将下方的单元格区域上移,为'left'时表示将右侧的单元格区域左移。

(5)如果想要将工作表中的多列数据合并为一列,可以使用pandas模块的apply()函数来实现。演示代码如下:

```
1   import pandas as pd
2   import xlwings as xw
3   # 读取数据
4   df = pd.read_excel('拆分后的规格表.xlsx', sheet_name='Sheet1')
5   # 将"长(cm)""宽(cm)""高(cm)"三列数据合并为一列
6   df['产品规格'] = df[['长(cm)', '宽(cm)', '高(cm)']].apply(lambda x: '*'.join(x.astype(str)), axis=1)
7   # 启动Excel
8   app = xw.App(visible=False, add_book=False)
9   # 打开工作簿
10  workbook = app.books.open('产品规格表.xlsx')
11  # 选取工作表
12  worksheet = workbook.sheets['Sheet1']
13  # 在D列中写入合并后的数据
14  worksheet.range('D1').options(index=False).value = df['产品规格']
15  # 删除无用的E列和F列
16  worksheet.range('E:F').delete(shift='left')
17  # 另存工作簿
18  workbook.save('合并后的规格表.xlsx')
19  # 关闭工作簿
```

```
20    workbook.close()
21    # 退出Excel
22    app.quit()
```

案例 04　合并内容相同的连续单元格

◎ 代码文件：合并内容相同的连续单元格.py
◎ 数据文件：订单金额表.xlsx

工作簿"订单金额表.xlsx"的工作表"Sheet1"中的数据表格如图 7-8 所示。

省份	所属市	订单数量	订单金额	订单日期
河北省	石家庄市	56	¥6,720.00	2022/2/5
河北省	邯郸市	78	¥9,360.00	2022/6/8
河北省	保定市	96	¥11,520.00	2022/7/12
河南省	郑州市	45	¥5,400.00	2022/2/20
河南省	开封市	25	¥3,000.00	2022/6/18
河南省	洛阳市	45	¥5,400.00	2022/10/1
四川省	成都市	78	¥9,360.00	2022/3/4
四川省	达州市	96	¥11,520.00	2022/4/25
四川省	巴中市	20	¥2,400.00	2022/6/12

图 7-8

◎ 人机对话

工作簿"订单金额表.xlsx"的工作表"Sheet1"中有一个数据表格，其中 A 列的第 1 个单元格为表头，其余单元格为数据值，现在需要将 A 列中相邻且含有相同数据值的单元格合并为一个单元格。请帮我编写相应的 Python 代码。

以下是实现您需求的 Python 代码：

```
1    import xlwings as xw
```

```python
2   # 启动Excel
3   app = xw.App(visible=False, add_book=False)
4   # 打开工作簿
5   workbook = app.books.open('订单金额表.xlsx')
6   # 选取工作表
7   worksheet = workbook.sheets['Sheet1']
8   # 选取要执行合并单元格操作的列区域
9   rng = worksheet.range('A2').expand('down')
10  # 让列区域的单元格内容水平和垂直居中对齐
11  rng.api.VerticalAlignment = -4108
12  rng.api.HorizontalAlignment = -4108
13  # 从列区域的最后一个单元格遍历到第2个单元格
14  for i in range(rng.count, 1, -1):
15      # 选取一个单元格cell1
16      cell1 = rng.rows(i)
17      # 选取cell1上方的单元格cell2
18      cell2 = cell1.offset(row_offset=-1)
19      # 如果两个单元格的值相同,合并两个单元格
20      if cell1.value == cell2.value:
21          worksheet.range(cell2, cell1).merge()
22  # 另存工作簿
23  workbook.save('订单金额表_合并单元格.xlsx')
24  # 关闭工作簿
25  workbook.close()
26  # 退出Excel
27  app.quit()
```

这段代码主要使用xlwings模块实现所需功能。核心操作过程是先选取要操

作的单元格区域，然后使用 for 循环从下到上地遍历区域中的单元格，逐个判断相邻单元格是否含有相同的值，并使用 merge() 函数合并含有相同值的相邻单元格。

◎ 验证代码

在 Python 编辑器中运行代码后，打开生成的工作簿"订单金额表_合并单元格.xlsx"，可看到如图 7-9 所示的合并单元格效果。

省份	所属市	订单数量	订单金额	订单日期
河北省	石家庄市	56	¥6,720.00	2022/2/5
	邯郸市	78	¥9,360.00	2022/6/8
	保定市	96	¥11,520.00	2022/7/12
河南省	郑州市	45	¥5,400.00	2022/2/20
	开封市	25	¥3,000.00	2022/6/18
	洛阳市	45	¥5,400.00	2022/10/1
四川省	成都市	78	¥9,360.00	2022/3/4
	达州市	96	¥11,520.00	2022/4/25
	巴中市	20	¥2,400.00	2022/6/12
	绵阳市	55	¥6,600.00	2022/11/7

图 7-9

◎ 知识扩展

（1）本案例代码中的 rng.api.VerticalAlignment 和 rng.api.HorizontalAlignment 表示通过 Range 对象的 api 属性调用 VBA 中的 VerticalAlignment 属性和 HorizontalAlignment 属性来设置单元格内容的对齐方式。

（2）在合并单元格时使用了 xlwings 模块中 Range 对象的 merge() 函数，该函数的语法格式如下：

表达式 .merge(across)

表达式为一个 Range 对象。

参数 across 用于设置是否将指定单元格区域中的每一行单元格分别合并。设置为 True 时表示分别合并每一行单元格，为 False（默认值）时表示不分别合并每一行单元格。

案例 05　批量删除多个工作表中的重复行

◎ 代码文件：批量删除多个工作表中的重复行.py
◎ 数据文件：各产品销售表.xlsx

工作簿"各产品销售表 .xlsx"中有多个工作表，每个工作表的数据表格中都有一些重复行。以工作表"离合器"为例，第 3、4 行是重复的，第 6、7 行也是重复的，如图 7-10 所示。

	A	B	C	D	E	F	G	H	I
1	单号	销售日期	产品名称	成本价	销售价	销售数量	产品成本	销售金额	利润
2	20230001	2023-01-01	离合器	¥ 20.00	¥ 55.00	60	¥ 1,200.00	¥ 3,300.00	¥ 2,100.00
3	20230004	2023-01-04	离合器	¥ 20.00	¥ 55.00	23	¥ 460.00	¥ 1,265.00	¥ 805.00
4	20230004	2023-01-04	离合器	¥ 20.00	¥ 55.00	23	¥ 460.00	¥ 1,265.00	¥ 805.00
5	20230009	2023-01-09	离合器	¥ 20.00	¥ 55.00	25	¥ 500.00	¥ 1,375.00	¥ 875.00
6	20230013	2023-01-13	离合器	¥ 20.00	¥ 55.00	69	¥ 1,380.00	¥ 3,795.00	¥ 2,415.00
7	20230013	2023-01-13	离合器	¥ 20.00	¥ 55.00	69	¥ 1,380.00	¥ 3,795.00	¥ 2,415.00
8	20230021	2023-01-21	离合器	¥ 20.00	¥ 55.00	55	¥ 1,100.00	¥ 3,025.00	¥ 1,925.00
9	20230027	2023-01-27	离合器	¥ 20.00	¥ 55.00	56	¥ 1,120.00	¥ 3,080.00	¥ 1,960.00

离合器　操纵杆　组合表　转速表　里程表

图 7-10

◎ 人机对话

工作簿"各产品销售表 .xlsx"中有多个工作表，每个工作表的数据表格中都有一些重复行，现在需要批量删除每个工作表中的重复行。请帮我编写相应的 Python 代码。

以下是实现您需求的 Python 代码：

```
1  import xlwings as xw
2  # 启动Excel
```

```python
3   app = xw.App(visible=False, add_book=False)
4   # 打开工作簿
5   workbook = app.books.open('各产品销售表.xlsx')
6   # 遍历工作簿中的所有工作表
7   for worksheet in workbook.sheets:
8       # 在工作表中选取数据表格所在的单元格区域
9       table = worksheet.range('A1').expand('table')
10      # 生成所有列序号的列表
11      col_no_list = list(range(1, table.columns.count + 1))
12      # 删除所选单元格区域中的重复行
13      table.api.RemoveDuplicates(Columns=col_no_list, Header=1)
14  # 另存工作簿
15  workbook.save('各产品销售表_去重.xlsx')
16  # 关闭工作簿
17  workbook.close()
18  # 退出Excel
19  app.quit()
```

这段代码使用 xlwings 模块中 Range 对象的 api 属性调用 VBA 中的 RemoveDuplicates() 函数来删除指定单元格区域中的重复行，保留唯一的行数据。

◎ 验证代码

在 Python 编辑器中运行代码后，打开生成的工作簿"各产品销售表_去重.xlsx"，可看到每个工作表中不再存在重复行，如图 7-11 所示。

	A	B	C	D	E	F	G	H	I
1	单号	销售日期	产品名称	成本价	销售价	销售数量	产品成本	销售金额	利润
2	20230001	2023-01-01	离合器	¥ 20.00	¥ 55.00	60	¥ 1,200.00	¥ 3,300.00	¥ 2,100.00
3	20230004	2023-01-04	离合器	¥ 20.00	¥ 55.00	23	¥ 460.00	¥ 1,265.00	¥ 805.00
4	20230009	2023-01-09	离合器	¥ 20.00	¥ 55.00	25	¥ 500.00	¥ 1,375.00	¥ 875.00
5	20230013	2023-01-13	离合器	¥ 20.00	¥ 55.00	69	¥ 1,380.00	¥ 3,795.00	¥ 2,415.00
6	20230021	2023-01-21	离合器	¥ 20.00	¥ 55.00	55	¥ 1,100.00	¥ 3,025.00	¥ 1,925.00
7	20230027	2023-01-27	离合器	¥ 20.00	¥ 55.00	56	¥ 1,120.00	¥ 3,080.00	¥ 1,960.00
8									

离合器 | 操纵杆 | 组合表 | 转速表 | 里程表

图 7-11

◎ 知识扩展

（1）VBA 中 RemoveDuplicates() 函数的参数 Columns 用于设置根据哪些列的值来判定重复行，参数值为一个列表，列表的元素为列的序号。本案例代码中将该参数设置为所有列的序号，即所有列的值都相同才判定为重复行。如果将该参数设置为 [1, 2]，则表示当第 1 列和第 2 列（"单号"列和"销售日期"列）的值相同时就判定为重复行。参数 Header 用于设置单元格区域的第 1 行是否为表头，设置为 1 时表示第 1 行是表头，为 2 时表示第 1 行不是表头。

（2）如果不需要保留单元格的格式设置，也可以用 pandas 模块读取数据并删除重复行，这样代码的运行速度会更快。演示代码如下：

```
1  import pandas as pd
2  # 读取工作簿中的数据
3  df_all = pd.read_excel('各产品销售表.xlsx', sheet_name=None)
4  # 创建一个新工作簿
5  with pd.ExcelWriter('各产品销售表_去重1.xlsx') as workbook:
6      # 按工作表遍历读取的数据
7      for sheet_name, sheet_data in df_all.items():
```

```
8            # 删除当前工作表数据中的重复行
9            sheet_data = sheet_data.drop_duplicates()
10           # 将处理后的数据写入新工作簿的对应工作表
11           sheet_data.to_excel(workbook, sheet_name=sheet_name, index=
             False)
```

上述代码使用 pandas 模块中 DataFrame 对象的 drop_duplicates() 函数删除重复行，该函数的语法格式如下：

表达式 .drop_duplicates(subset, keep, inplace)

表达式为一个 DataFrame 对象。

参数 subset 用于指定根据哪些列的值来判定重复行。省略该参数表示所有列的值都相同时才判定为重复行。如果要指定列，需用列表的形式给出列标签，如 subset=[' 单号 ', ' 销售日期 ']。

参数 keep 用于指定保留重复行的方式。设置为 'first'（默认值）时表示保留第一次出现的重复行，并删除其他重复行；为 'last' 时表示保留最后一次出现的重复行，并删除其他重复行；为 False 时表示一个不留地删除所有重复行。

参数 inplace 用于指定是否用修改后的数据覆盖原来的数据。设置为 True 时表示覆盖原来的数据；设置为 False（默认值）时表示不覆盖原来的数据，并返回一个新的 DataFrame 对象。

案例 06　批量在单元格中输入公式

◎ 代码文件：批量在单元格中输入公式.py
◎ 数据文件：各产品订单表.xlsx

工作簿"各产品订单表 .xlsx"的工作表"总表"中有一个数据表格，如图 7-12 所示。

	A	B	C	D	E	F	G
1	单号	销售日期	产品名称	成本价	销售价	销售数量	
2	20220001	2022/1/1	离合器	20	55	60	
3	20220002	2022/1/2	操纵杆	60	109	45	
4	20220003	2022/1/3	转速表	200	350	50	
5	20220004	2022/1/4	离合器	20	55	23	
6	20220005	2022/1/5	里程表	850	1248	26	
7	20220006	2022/1/6	操纵杆	60	109	85	

总表 | 操纵杆 | 离合器 | 组合表 | 转速表 | 里程表

就绪

图 7-12

◎ 人机对话

工作簿“各产品订单表.xlsx”的工作表“总表”中有一个数据表格，现在需要在这个表格中添加列并输入公式，计算每笔订单的销售金额和利润。下面是需要添加的列：

G 列：列名为“销售金额”，公式为“=E2*F2”

H 列：列名为“利润”，公式为“=(E2−D2)*F2”

请帮我编写相应的 Python 代码。

AI 以下是实现您需求的 Python 代码：

```
import xlwings as xw
# 启动Excel
app = xw.App(visible=False, add_book=False)
# 打开工作簿
workbook = app.books.open('各产品订单表.xlsx')
# 选择工作表
worksheet = workbook.sheets['总表']
# 添加列标题
```

```
9   worksheet.range('G1').value = '销售金额'
10  worksheet.range('H1').value = '利润'
11  # 获取表格最后一行的行号
12  last_row = worksheet.range('A1').expand('down').last_cell.row
13  # 输入公式
14  worksheet.range(f'G2:G{last_row}').formula = '=E2*F2'
15  worksheet.range(f'H2:H{last_row}').formula = '=(E2-D2)*F2'
16  # 另存工作簿
17  workbook.save('各产品订单表_输入公式.xlsx')
18  # 关闭工作簿
19  workbook.close()
20  # 退出Excel
21  app.quit()
```

这段代码首先打开工作簿并选择要修改的工作表，然后添加新的列标题，并结合使用 xlwings 模块中 Range 对象的 expand() 函数、last_cell 属性和 row 属性找到数据表格最后一行的行号，接下来使用 formula 属性将公式写入所需的单元格区域，最后另存并关闭修改后的工作簿。

◎ 验证代码

在 Python 编辑器中运行代码后，打开生成的工作簿"各产品订单表_输入公式.xlsx"，在工作表"总表"中可看到新增的"销售金额"列和"利润"列。选中这两列中的任意一个数据单元格，如单元格 G5，可在编辑栏中看到对应的公式，如图 7-13 所示。

	A	B	C	D	E	F	G	H
1	单号	销售日期	产品名称	成本价	销售价	销售数量	销售金额	利润
2	20220001	2022/1/1	离合器	20	55	60	3300	2100
3	20220002	2022/1/2	操纵杆	60	109	45	4905	2205
4	20220003	2022/1/3	转速表	200	350	50	17500	7500
5	20220004	2022/1/4	离合器	20	55	23	1265	805
6	20220005	2022/1/5	里程表	850	1248	26	32448	10348
7	20220006	2022/1/6	操纵杆	60	109	85	9265	4165

G5 单元格公式：=E5*F5

图 7-13

◎ 知识扩展

（1）formula 属性是 xlwings 模块中 Range 对象的属性，用于在单元格中读写公式。将公式以字符串的形式传递给该属性，即可将公式输入对应的单元格。例如，worksheet.range('G2').formula = '=E2*F2' 就是将公式"=E2*F2"写入单元格 G2。需要注意的是，本案例的代码看起来像是在多个单元格中输入相同的公式，但因为公式中的单元格地址是相对引用形式，所以公式会根据行列位置变化自动更新。

（2）本案例要在两列的单元格区域中输入公式，所以要先获取数据表格最后一行的行号，再用行号拼接出单元格区域的地址，如 f'G2:G{last_row}'。这种拼接字符串的语法格式称为 f-string，其优点是不需要事先转换数据类型，代码简洁、直观、易懂。f-string 以字母 f 或 F 作为字符串的前缀，然后在字符串中用"{ }"标明要替换成变量或表达式的值的内容。演示代码如下：

```
1  last_row = 10
2  address = f'G2:G{last_row}'
3  print(address)
```

运行结果如下：

```
1    G2:G10
```

（3）本案例是在单个工作表中批量输入公式，如果要在工作簿的所有工作表中输入公式，可以通过构造循环来实现。核心代码如下：

```
1    # 遍历所有工作表
2    for worksheet in workbook.sheets:
3        # 添加列标题
4        worksheet.range('G1').value = '销售金额'
5        worksheet.range('H1').value = '利润'
6        # 获取表格最后一行的行号
7        last_row = worksheet.range('A1').expand('down').last_cell.row
8        # 输入公式
9        worksheet.range(f'G2:G{last_row}').formula = '=E2*F2'
10       worksheet.range(f'H2:H{last_row}').formula = '=(E2-D2)*F2'
```

案例 07　批量复制／粘贴单元格格式

◎ 代码文件：批量复制／粘贴单元格格式.py
◎ 数据文件：订单表_无格式.xlsx

工作簿"订单表_无格式.xlsx"中有多个工作表，每个工作表中都有一个相同结构的数据表格。工作表"1月"中的数据表格已设置好单元格格式，如图 7-14 所示。其余工作表中的数据表格尚未设置单元格格式，如图 7-15 所示。

	A	B	C	D	E	F	G	H
1	单号	销售日期	产品名称	成本价	销售价	销售数量	销售金额	利润
2	20220001	2022年01月01日	离合器	¥20.00	¥55.00	60	¥3,300.00	¥2,100.00
3	20220002	2022年01月02日	操纵杆	¥60.00	¥109.00	45	¥4,905.00	¥2,205.00
4	20220003	2022年01月03日	转速表	¥200.00	¥350.00	50	¥17,500.00	¥7,500.00
5	20220004	2022年01月04日	离合器	¥20.00	¥55.00	23	¥1,265.00	¥805.00
6	20220005	2022年01月05日	里程表	¥850.00	¥1,248.00	26	¥32,448.00	¥10,348.00

图 7-14

	A	B	C	D	E	F	G	H
1	单号	销售日期	产品名称	成本价	销售价	销售数量	销售金额	利润
2	20220092	2022/4/1	离合器	20	55	75	4125	2625
3	20220093	2022/4/2	离合器	20	55	80	4400	2800
4	20220094	2022/4/3	里程表	850	1248	55	68640	21890
5	20220095	2022/4/4	组合表	850	1248	69	86112	27462
6	20220096	2022/4/5	组合表	850	1248	50	62400	19900
7	20220097	2022/4/6	离合器	20	55	63	3465	2205
8	20220098	2022/4/7	里程表	850	1248	25	31200	9950
9	20220099	2022/4/8	离合器	20	55	63	3465	2205
10	20220100	2022/4/9	里程表	850	1248	78	97344	31044

图 7-15

◎ 人机对话

工作簿"订单表_无格式.xlsx"中有多个工作表，每个工作表中都有一个相同结构的数据表格。工作表"1月"中的数据表格已设置好单元格格式，现在需要将该数据表格的表头和数据行的单元格格式应用到其他工作表的数据表格上。请帮我编写相应的 Python 代码。

以下是实现您需求的 Python 代码：

```
import xlwings as xw
# 启动Excel
app = xw.App(visible=False, add_book=False)
```

```python
4   # 打开工作簿
5   workbook = app.books.open('订单表_无格式.xlsx')
6   # 选取工作表"1月"
7   template_sht = workbook.sheets['1月']
8   # 在工作表"1月"中选取表头模板
9   template_header = template_sht.range('A1').expand('right')
10  # 在工作表"1月"中选取数据行模板
11  template_data = template_sht.range('A2').expand('right')
12  # 遍历所有工作表
13  for worksheet in workbook.sheets:
14      # 跳过不需要修改的工作表"1月"
15      if worksheet.name == '1月':
16          continue
17      # 将表头模板复制到剪贴板
18      template_header.copy()
19      # 在当前工作表中选取表头
20      header = worksheet.range('A1').expand('right')
21      # 将表头模板的格式粘贴到当前工作表的表头上
22      header.paste(paste='formats')
23      # 将表头模板的列宽粘贴到当前工作表的表头上
24      header.paste(paste='column_widths')
25      # 将表头模板的行高应用到当前工作表的表头上
26      header.row_height = template_header.row_height
27      # 将数据行模板复制到剪贴板
28      template_data.copy()
29      # 在当前工作表中选取所有数据行
```

```
30          data = worksheet.range('A2').expand('table')
31          # 将数据行模板的格式粘贴到当前工作表的所有数据行上
32          data.paste(paste='formats')
33          # 将数据行模板的行高应用到当前工作表的所有数据行上
34          data.row_height = template_data.row_height
35  # 另存工作簿
36  workbook.save('订单表_有格式.xlsx')
37  # 关闭工作簿
38  workbook.close()
39  # 退出Excel
40  app.quit()
```

这段代码主要使用 xlwings 模块中 Range 对象的 copy() 函数和 paste() 函数以选择性粘贴的方式实现单元格格式的批量应用。此外，还使用了 Range 对象的 row_height 属性来设置行高。

◎ 验证代码

在 Python 编辑器中运行代码后，打开生成的工作簿"订单表_有格式.xlsx"，切换至除"1月"之外的任意一个工作表，如"4月"，可看到批量应用单元格格式的效果，如图 7-16 所示。

	A	B	C	D	E	F	G	H
1	单号	销售日期	产品名称	成本价	销售价	销售数量	销售金额	利润
2	20220092	2022年04月01日	离合器	¥ 20.00	¥ 55.00	75	¥ 4,125.00	¥ 2,625.00
3	20220093	2022年04月02日	离合器	¥ 20.00	¥ 55.00	80	¥ 4,400.00	¥ 2,800.00
4	20220094	2022年04月03日	里程表	¥ 850.00	¥ 1,248.00	55	¥ 68,640.00	¥ 21,890.00
5	20220095	2022年04月04日	组合表	¥ 850.00	¥ 1,248.00	69	¥ 86,112.00	¥ 27,462.00
6	20220096	2022年04月05日	组合表	¥ 850.00	¥ 1,248.00	50	¥ 62,400.00	¥ 19,900.00
7	20220097	2022年04月06日	离合器	¥ 20.00	¥ 55.00	63	¥ 3,465.00	¥ 2,205.00
8	20220098	2022年04月07日	里程表	¥ 850.00	¥ 1,248.00	25	¥ 31,200.00	¥ 9,950.00

图 7-16

◎ 知识扩展

（1）xlwings 模块中 Range 对象的 copy() 函数用于复制单元格区域。该函数的语法格式如下：

表达式 .copy(destination)

表达式为一个 Range 对象，代表要复制的单元格区域。

参数 destination 的值为一个 Range 对象，代表复制操作的目标位置。如果省略该参数，则表示将单元格区域复制到剪贴板。

（2）xlwings 模块中 Range 对象的 paste() 函数用于将剪贴板中的单元格区域粘贴到工作表中的指定位置。该函数的语法格式如下：

表达式 .paste(paste, operation, skip_blanks, transpose)

表达式为一个 Range 对象，代表粘贴操作的目标位置。

4 个参数 paste、operation、skip_blanks、transpose 分别对应 Excel 的"选择性粘贴"对话框（见图 7-17）中的选项组或复选框。

参数 paste 对应"粘贴"选项组，组中各单选按钮对应的参数值见表 7-1。

参数 operation 对应"运算"选项组，组中各单选按钮对应的参数值为："无"对应省略该参数；"加"对应 'add'；"减"对应 'subtract'；"乘"对应 'multiply'；"除"对应 'divide'。

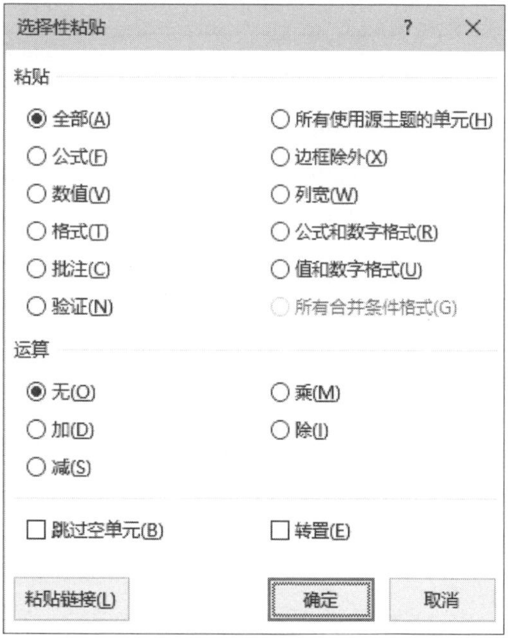

图 7-17

表 7-1 参数 paste 的值与单选按钮的对应关系

单选按钮	参数值	单选按钮	参数值
全部	'all'	所有使用源主题的单元	'all_using_source_theme'
公式	'formulas'	边框除外	'all_except_borders'
数值	'values'	列宽	'column_widths'
格式	'formats'	公式和数字格式	'formulas_and_number_formats'
批注	'comments'	值和数字格式	'values_and_number_formats'
验证	'validation'	所有合并条件格式	'all_merging_conditional_formats'

参数 skip_blanks 对应"跳过空单元"复选框。将参数值设置为 True 时表示勾选复选框，为 False（默认值）时表示取消勾选复选框。

参数 transpose 对应"转置"复选框。将参数值设置为 True 时表示勾选复选框，为 False（默认值）时表示取消勾选复选框。

（3）使用 xlwings 模块中 Range 对象的 row_height 属性和 column_width 属性可以设置单元格的行高和列宽，演示代码如下：

```
# 设置第2~4行的行高
worksheet.range('2:4').row_height = 12
# 设置A~E列的列宽
worksheet.range('A:E').column_width = 16
```

（4）如果要设置单元格的字体格式、填充颜色、数字格式，可以参考如下代码：

```python
# 选取单元格区域A1:A10
rng = worksheet.range('A1:A10')
# 设置所选单元格区域的字体格式
rng.font.name = '微软雅黑'  # 设置字体
rng.font.size = 12  # 设置字号
rng.font.color = (255, 0, 0)  # 设置字体颜色
rng.font.bold = True  # 设置字形为加粗
rng.font.italic = True  # 设置字形为斜体
# 设置所选单元格区域的填充颜色
rng.color = (120, 120, 120)
# 设置所选单元格区域的数字格式
rng.number_format = 'yyyy年mm月dd日'
```

其中，设置字体颜色和填充颜色时除了使用RGB颜色值的元组，还可以使用十六进制颜色值的字符串，如'#DC143C'或'#dc143c'。

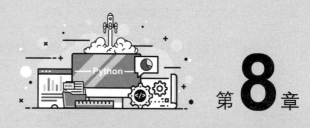

第 8 章
数据处理与分析

本章介绍通过 Python 程序实现对数据的筛序和排序,并对编写好的 Python 程序进行封装,让数据筛选操作更便捷,这样也能让即使不懂程序的办公人员也能轻松通过窗口进行操作。

案例 01　排序多个工作簿中所有工作表的数据

◎ 代码文件：排序多个工作簿中所有工作表的数据.py
◎ 数据文件：各季度销售数量表（文件夹）

文件夹"各季度销售数量表"中有多个工作簿，如图 8-1 所示，部分工作簿内容如图 8-2 和图 8-3 所示。

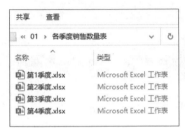

图 8-1　　　　　　　　图 8-2　　　　　　　　图 8-3

◎ 人机对话

👤 文件夹"各季度销售数量表"中有多个工作簿，每个工作簿中都包含了多个结构相同的工作表，请分别按照"销售数量"列进行降序排列，然后将修改后的工作簿保存为新的文件。请编写相应的 Python 代码。

🤖 以下是实现您需求的 Python 代码：

```
1  import os
2  import xlwings as xw
3  import pandas as pd
4  # 获取当前文件所在的路径
5  current_dir = os.path.dirname(os.path.abspath(__file__))
6  # 拼接文件夹路径
```

```python
7   folder_path = os.path.join(current_dir, '各季度销售数量表')
8   new_folder_path = os.path.join(current_dir, '排序后的表格')
9   # 确保新文件夹存在
10  os.makedirs(new_folder_path, exist_ok=True)
11  # 打开Excel应用程序
12  app = xw.App(visible=False)
13  # 循环遍历文件夹中的每个Excel文件
14  for file_name in os.listdir(folder_path):
15      file_path = os.path.join(folder_path, file_name)
16      # 打开原始文件
17      workbook = app.books.open(file_path)
18      # 循环遍历每个工作簿
19      for sheet in workbook.sheets:
20          # 读取工作表数据到DataFrame
21          df = sheet.used_range.options(pd.DataFrame).value
22          # 按"销售数量"列进行降序排列
23          df_sorted = df.sort_values(by='销售数量', ascending=False)
24          # 将排序后的DataFrame写入工作表
25          sheet.clear_contents()
26          sheet.range('A1').value = df_sorted
27      # 保存为新的文件
28      new_file_path = os.path.join(new_folder_path, file_name)
29      workbook.save(new_file_path)
```

```
30       # 关闭工作簿
31       workbook.close()
32   # 关闭Excel应用程序
33   app.quit()
```

◎ 验证代码

在 Python 编辑器中运行代码后,打开新增的"排序后的表格"文件夹,该文件夹中为对所有工作表进行排序后的工作簿文件,如图 8-4 所示。

打开任意一个工作簿,如"第一季度.xlsx",可以看到所有工作表中的数据均按"销售数量"列进行了降序排列,部分工作表内容如图 8-5 和图 8-6 所示。

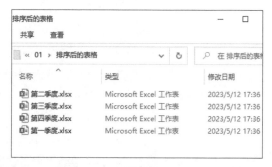

图 8-4

	A	B	C	D	E
1	配件编号	配件名称	销售数量		
2	FB05211456	胶垫	900		
3	FB05211455	缓速器	800		
4	FB05211451	操纵杆	600		
5	FB05211457	气压表	600		
6	FB05211462	转向节	600		
7	FB05211450	离合器	500		
8	FB05211454	组合表	500		

图 8-5

	A	B	C	D	E
1	配件编号	配件名称	销售数量		
2	FB05211450	离合器	600		
3	FB05211461	下衬套	600		
4	FB05211463	继动阀	350		
5	FB05211453	里程表	300		
6	FB05211452	转速表	200		
7	FB05211460	主销	200		
8	FB05211462	转向节	200		

图 8-6

◎ 知识扩展

如果想要按照其他列进行降序排列,只需要将代码中的 sort_values() 方法的参数 by 修改为要排序的列名即可。例如,如果要按照"销售额"列进行降序排列,只需要将 sort_values() 方法的参数 by 修改为"销售额"即可:

```
1  result = data.sort_values(by='销售额', ascending=False)
```

注意，如果要添加排序关键字，可以将多个列名组成的列表传递给参数 by，例如：

```
1  result = data.sort_values(by=['销售额', '销售数量'], ascending=
   [False, True])
```

上述代码将先按照"销售额"列进行降序排列，如果出现相同的"销售额"，则按照"销售数量"列进行升序排列。

案例 02　排序多个工作簿中的同名工作表数据

◎ 代码文件：排序多个工作簿中的同名工作表数据.py
◎ 数据文件：各地区销售数量（文件夹）

原文件夹中的工作簿如图 8-7 所示，其中一个工作簿的工作表"销售数量"部分数据如图 8-8 所示。

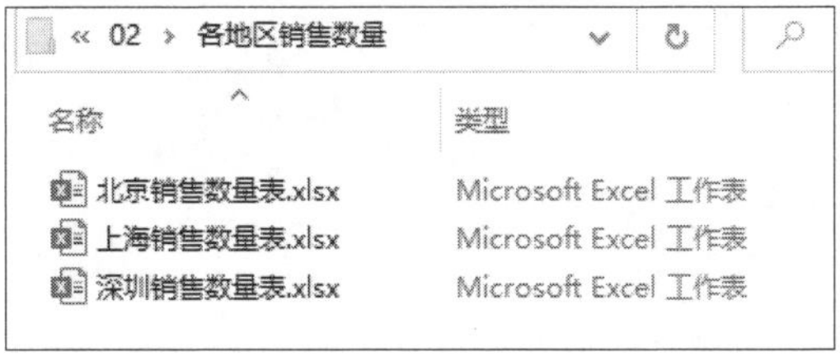

图 8-7

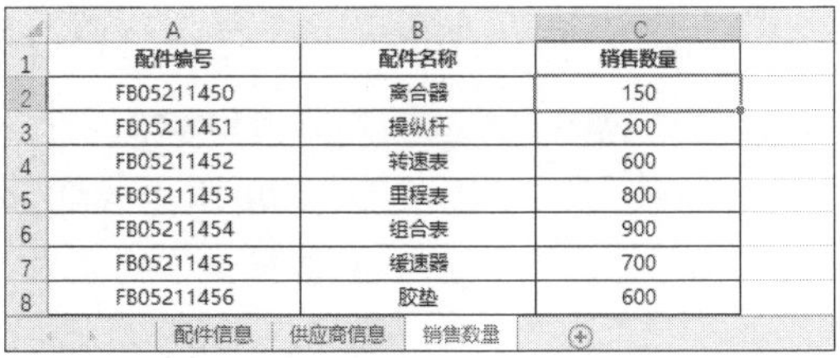

图 8-8

◎ 人机对话

 在文件夹"各地区销售数量"中有多个 Excel 工作簿，现需要对每个工作簿的"销售数量"工作表的"销售数量"列的值进行降序排列，并将所有工作簿保存到文件夹"各地区销售数量（新）"。请帮我编写一段 Python 代码。

> 您可以使用 Pathlib 模块指定待处理 Excel 文件的目录路径，并结合 xlwings 模块和 pandas 模块，用于与 Excel 交互和数据处理。以下是一个示例代码：

```python
from pathlib import Path
import xlwings as xw
import pandas as pd
# 创建一个隐藏的Excel应用程序对象，不添加新的工作簿
app = xw.App(visible=False, add_book=False)
# 使用Path指定待处理Excel文件的目录路径
file_path = Path('各地区销售数量')
# 使用glob方法匹配所有后缀名为.xlsx的文件
file_list = file_path.glob('*.xlsx')
# 创建一个新的文件夹路径变量，并使用Path创建新的文件夹（如果不存在）
new_folder_path = Path('各地区销售数量（新）')
if not new_folder_path.exists():
    new_folder_path.mkdir()
# 使用for循环遍历所有Excel文件
for i in file_list:
    # 打开Excel文件
    workbook = app.books.open(i)
    # 选择特定的表单（名为"销售数量"）
    worksheet = workbook.sheets['销售数量']
    # 使用xlwings的range方法定位表单数据范围，并将其转换为pandas的DataFrame对象
    data = worksheet.range('A1').expand('table').options(pd.DataFrame).value
```

```
22      # 使用pandas的sort_values方法对DataFrame对象中的"销售
        数量"列进行降序排列
23      result = data.sort_values(by='销售数量', ascending=
        False)
24      # 使用xlwings的range方法将排好序的结果覆盖到表单的A1单
        元格上
25      worksheet.range('A1').value = result
26      # 在保存新的Excel文件时，使用新的文件夹路径作为保存路
        径，同时保持原有的Excel文件名不变
27      new_file_path = new_folder_path / i.name
28      workbook.save(str(new_file_path))
29      workbook.close()
30  # 关闭Excel应用程序
31  app.quit()
```

在这段代码中，这段 Python 代码使用 xlwings 和 pandas 两个模块对指定目录下的 Excel 文件进行数据排序，并将排序结果保存为新的 Excel 文件，具体实现过程为：遍历指定目录下的 Excel 文件，打开文件后找到"销售数量"表单，然后将表单中的数据范围转换为 pandas 的 DataFrame 对象进行排序，并将排序结果覆盖回 Excel 文件的"销售数量"表单，保存排序后的 Excel 文件到新的文件夹，保持原有文件名不变。

◎ 验证代码

在 Python 编辑器中运行代码后，可以看到新建了一个文件夹"各地销售数据（新）"，该文件夹中的各个工作簿中的"销售数量"工作表均进行了降序操作，如图 8-9、图 8-10、图 8-11 所示。

图 8-9　　　　　　　　　图 8-10　　　　　　　　　图 8-11

案例 03　筛选一个工作簿中所有工作表的数据

◎ 代码文件：筛选一个工作簿中的所有工作表数据.py
◎ 数据文件：办公用品采购表.xlsx

原工作簿的部分工作表数据如图 8-12、图 8-13 所示。

图 8-12　　　　　　　　　　　　　　图 8-13

◎ 人机对话

工作簿"办公用品采购表.xlsx"中按月保存有多个工作表，每个工作表的结构是一致的。我想在每月的工作表中快速筛选出"采购物品"为"办公桌"

的数据，用同样的按月存储的方式保存至新的工作簿中，请帮我编写一段 Python 代码。

AI 利用 pandas 模块的函数读取 Excel 文件，对其中的数据进行筛选，最后将筛选结果输出到一个新的 Excel 文件中。代码中使用了 with 语句确保 ExcelWriter 对象被正确关闭，避免程序中途出现异常导致文件无法保存：

```
1   # 导入pandas模块
2   import pandas as pd
3   # 使用pd.ExcelWriter创建一个ExcelWriter对象，指定文件名为
    "筛选表.xlsx"，并赋值给变量writer
4   with pd.ExcelWriter('筛选表.xlsx') as writer:
5       # 使用pd.read_excel读取文件"办公用品采购表.xlsx"中的所有
        表格，返回的是字典形式的数据，字典的key是表格名，value是数据
6       for sheet_name, data in pd.read_excel('办公用品采购
            表.xlsx', sheet_name=None).items():
7           # 过滤出数据中采购物品为"办公桌"的行，返回的是新的数据框
8           filter_data = data[data['采购物品'] == '办公桌']
9           # 将过滤出的数据写入ExcelWriter对象中，表格名为原表格名，索
            引列不输出
10          filter_data.to_excel(writer, sheet_name=sheet_
            name, index=False)
```

该段代码首先导入了 pandas 模块，接着使用 pd.ExcelWriter 创建一个 ExcelWriter 对象，并指定文件名为"筛选表 .xlsx"，with 语句中将 ExcelWriter 对象赋值给变量 writer。with 语句可以自动管理资源释放。for 循环读取 "办公用品采购表 .xlsx" 文件中的所有表格，返回字典形式的数据，字典的 key 是表格名，value 是数据。使用 data[' 采购物品 '] == ' 办公桌 '，过滤出数据中采购物品为"办公桌"的行，返回的是新的数据框。使用 to_excel 方法，

将过滤出的数据写入 ExcelWriter 对象中，表格名为原表格名，索引列不输出。

◎ 验证代码

在 Python 编辑器中运行代码。打开工作簿“筛选表 .xlsx”，“1 月”和“9 月”工作表的筛选结果如图 8-14、图 8-15 所示。

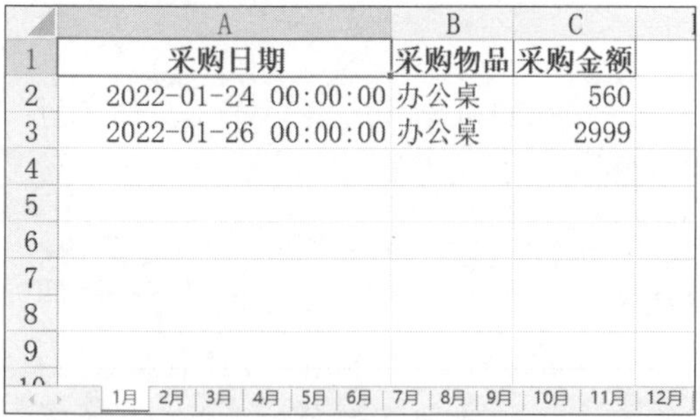

	A	B	C
1	采购日期	采购物品	采购金额
2	2022-01-24 00:00:00	办公桌	560
3	2022-01-26 00:00:00	办公桌	2999

图 8-14

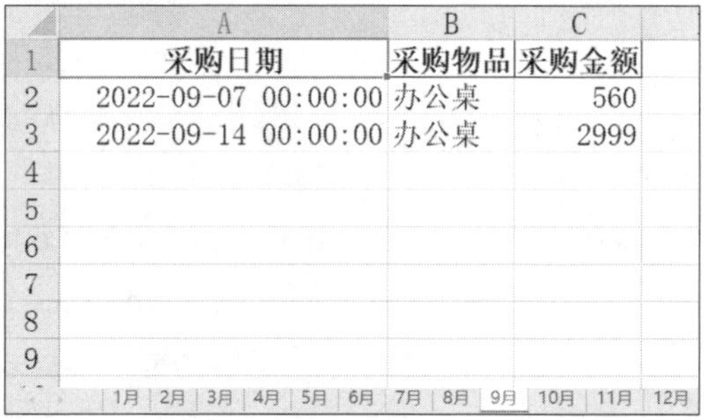

	A	B	C
1	采购日期	采购物品	采购金额
2	2022-09-07 00:00:00	办公桌	560
3	2022-09-14 00:00:00	办公桌	2999

图 8-15

案例 04　让数据筛选可视化

◎ 代码文件：让数据筛选可视化.py

◎ 数据文件：办公用品采购表.xlsx

◎ 人机对话

我想要设计一个图形界面用于筛选数据表中的“采购物品”内容，请在之前程序的基础上，用图形可视化的方式让筛选结果也显示在图形界面中，请帮我改写这段代码。

AI 为您提供一种修改后的代码，其中使用了 Tkinter 模块构建一个简单的 GUI 界面，让用户可以根据自己的需求进行数据筛选。请参考如下代码：

```python
import pandas as pd
import tkinter as tk
# 定义筛选数据的函数
def filter_data():
    # 获取用户输入的筛选关键字
    keyword = keyword_entry.get()
    # 将筛选结果写入Excel文件
    with pd.ExcelWriter('筛选表.xlsx', engine='openpyxl') as writer:
        # 读取每个sheet中的数据，筛选出符合条件的行，并将结果写入新的sheet中
        for sheet_name, data in pd.read_excel('办公用品采购表.xlsx', sheet_name=None, header=0, index_col=0).items():
            filter_data = data[data['采购物品'] == keyword]
            if not filter_data.empty:
                filter_data.to_excel(writer, sheet_name=sheet_name)
    # 读取筛选结果并展示在文本框中
    try:
        filtered_data = pd.read_excel('筛选表.xlsx', sheet_name=None)
        if all(data.empty for data in filtered_data.values()):
            result_text.delete('1.0', tk.END)
            result_text.insert(tk.END, '未找到筛选结果')
```

```python
20              else:
21                  result_text.delete('1.0', tk.END)
22                  for sheet_name, data in filtered_data.items():
23                      if data.empty:
24                          continue
25                      result_text.insert(tk.END, f'Sheet Name: {sheet_name}\n')
26                      result_text.insert(tk.END, data.to_string(index=False, justify='left',col_space=16))
27                      result_text.insert(tk.END, '\n')
28          except FileNotFoundError:
29              result_text.delete('1.0', tk.END)
30              result_text.insert(tk.END, '未找到筛选结果,请确认已经进行过筛选操作!')
31  # 创建图形界面窗口
32  window = tk.Tk()
33  window.title('办公用品采购表筛选器')
34  window.geometry('600x450')
35  # 创建筛选关键字输入框
36  keyword_label = tk.Label(window, text='请输入需要筛选的关键字:')
37  keyword_label.pack()
38  keyword_entry = tk.Entry(window)
39  keyword_entry.pack()
40  # 创建筛选按钮
```

```
41    filter_button = tk.Button(window, text='开始筛选', com-
      mand=filter_data)
42    filter_button.pack()
43    # 创建筛选结果文本框
44    result_label = tk.Label(window, text='筛选结果：')
45    result_label.pack()
46    result_text = tk.Text(window,width=100)
47    result_text.pack()
48    window.mainloop()
```

这段代码是一个用于筛选 Excel 表格数据的 GUI 程序。它首先导入了 Pandas 和 Tkinter 两个模块，然后定义了一个函数 filter_data()，用于从 Excel 表格中筛选数据并将结果展示在 GUI 程序中。接下来创建了一个图形界面窗口，并在窗口中创建了一个输入框和一个按钮，用于接收用户输入和启动筛选操作。最后还创建了一个文本框，用于显示筛选结果。

◎ 验证代码

在 Python 编辑器中运行代码，将弹出"办公用品采购表筛选器"界面，在"请输入需要筛选的关键字："文本框中输入"办公桌"，单击"开始筛选"按钮，如图 8-16 所示。在下方的文本框中就会显示工作簿"办公用品采购表 .xlsx"各个工作表中"办公桌"的数据信息，如图 8-17 所示。当数据过多时可以滚动鼠标查看数据。

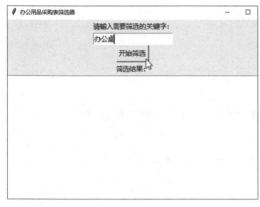

图 8-16　　　　　　　　　　图 8-17

◎ 知识扩展

当输入筛选的关键字与"采购物品"中的关键字不匹配时，运行代码可能会报错，考虑在实际运用时，可能会更多地使用模糊搜索，可以在 filter_data 函数中使用 str.contains() 方法进行模糊搜索，代码如下：

```python
# 定义筛选数据的函数
def filter_data():
    # 获取用户输入的筛选关键字
    keyword = keyword_entry.get()
    # 将筛选结果写入 Excel 文件
    with pd.ExcelWriter('筛选表.xlsx', engine='openpyxl') as writer:
        # 读取每个 sheet 中的数据，筛选出符合条件的行，并将结果写入新的 sheet 中
        for sheet_name, data in pd.read_excel('办公用品采购表.xlsx', sheet_name=None, header=0, index_col=0).items():
            filter_data = data[data['采购物品'].str.contains(keyword)]
            if not filter_data.empty:
```

```
11                filter_data.to_excel(writer, sheet_name=sheet_name)
12    # 读取筛选结果并展示在文本框中
13    try:
14        filtered_data = pd.read_excel('筛选表.xlsx', sheet_name=None)
15        if all(data.empty for data in filtered_data.values()):
16            result_text.delete('1.0', tk.END)
17            result_text.insert(tk.END, '未找到筛选结果')
18        else:
19            result_text.delete('1.0', tk.END)
20            for sheet_name, data in filtered_data.items():
21                if data.empty:
22                    continue
23                result_text.insert(tk.END, f'Sheet Name: {sheet_name}\n')
24                result_text.insert(tk.END, data.to_string(index=False, justify='left',col_space=16))
25                result_text.insert(tk.END, '\n')
26    except FileNotFoundError:
27        result_text.delete('1.0', tk.END)
28        result_text.insert(tk.END, '未找到筛选结果，请确认已经进行过筛选操作！')
```

用上述代码替换原代码中的第 3 ～ 30 行代码后，运行代码。弹出筛选器，在"请输入需要筛选的关键字："文本框中输入"纸"，如图 8-18 所示。即可在下方的文本框中显示筛选结果，可以看到将所有的"采购物品"中包含关键字"纸"的物品信息全部筛选出来了，如图 8-19 所示。

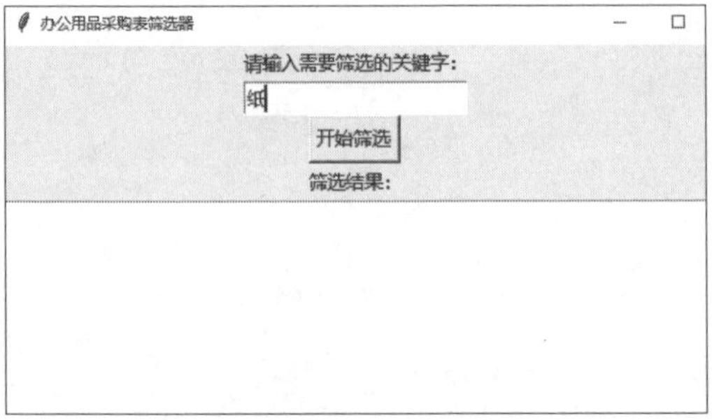

图 8-18 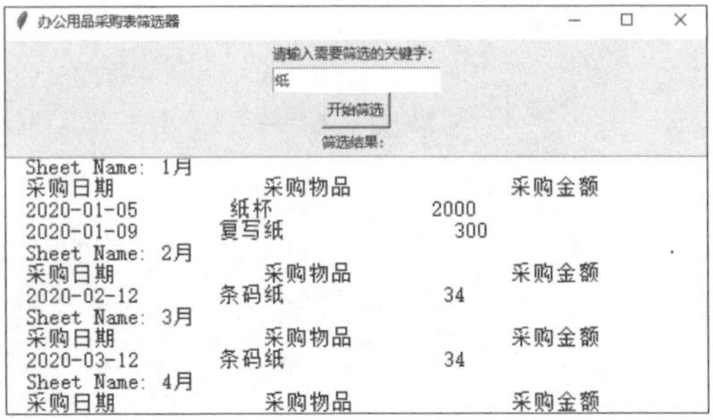　　　　　　　　　　　　图 8-19

案例 05　打包为可执行文件

◎ 代码文件：04-知识扩展.py
◎ 数据文件：办公用品采购表.xlsx

◎ 人机对话

我这里有一段 Python 程序是用于 Excel 数据表筛选的，我想将程序封装成一个可直接运行的程序，以便分发给更多人使用，具体应该怎么操作呢？

你可以将这段 Python 程序封装成一个可执行文件（exe），使得同事可以直接双击运行，而不需要安装 Python 编译器。

有一些第三方模块可以帮助你实现这个功能，比如 PyInstaller 和 cx_Freeze。这些模块可以将 Python 代码和依赖项打包成一个独立的可执行文件，可以在没有安装 Python 的计算机上运行。

下面是使用 PyInstaller 打包你的 Python 程序的基本步骤：

在命令行中使用 pip 安装 PyInstaller：

```
pip install pyinstaller
```

进入 Python 程序所在的目录，在命令行窗口中输入以下命令打包程序：

```
pyinstaller -w -F 04.py
```

其中,"-w"表示不显示命令行窗口,"-F"表示打包成单个可执行文件。打包完成后,在 dist 文件夹中可以找到打包好的可执行文件。

注意:打包时可能会出现一些问题,比如缺少依赖模块等。你需要根据具体情况进行解决。此外,如果你的 Python 程序需要读取或写入文件,需要确保程序和文件在同一目录下或指定正确的路径。

◎ 验证代码

我们以案例 04 中的 "04- 知识扩展 .py" 为例,根据"人机对话"中介绍的操作逐步验证如何将 Python 代码打包成单独的可执行文件。

步骤01 使用 pip 命令安装 PyInstaller。第 1 章已介绍过模块安装方法,此处不再赘述。

步骤02 在命令行窗口中输入如下命令进入 Python 程序所在的目录。

```
1  C:\Users\ranny>e:
2  E:\>cd 代码
```

步骤03 在命令行窗口中输入如下命令进行程序打包操作。

```
3  E:\代码>pyinstaller -w -F 04-知识扩展.py
```

步骤04 打包完成后,在 dist 文件夹中可以找到打包好的可执行文件。将该文件拖动至工作簿"办公用品采购表 .xlsx"所在文件夹,如图 8-20 所示。

图 8-20

步骤05 双击打开“04- 知识扩展 .exe”文件，即可运行程序，分别输入关键字“纸”和“机”的筛选效果如图 8-21 和图 8-22 所示。

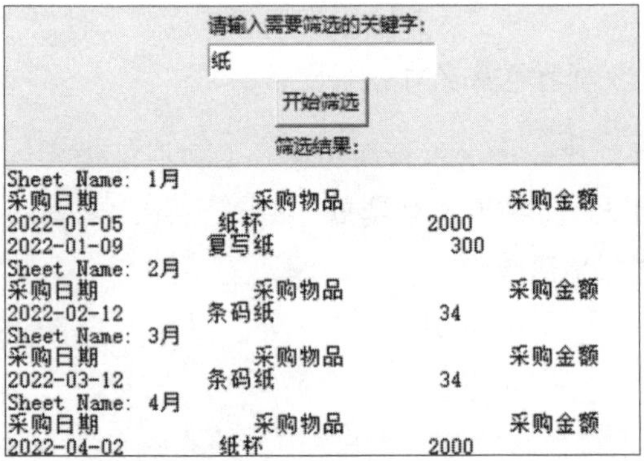

图 8-21

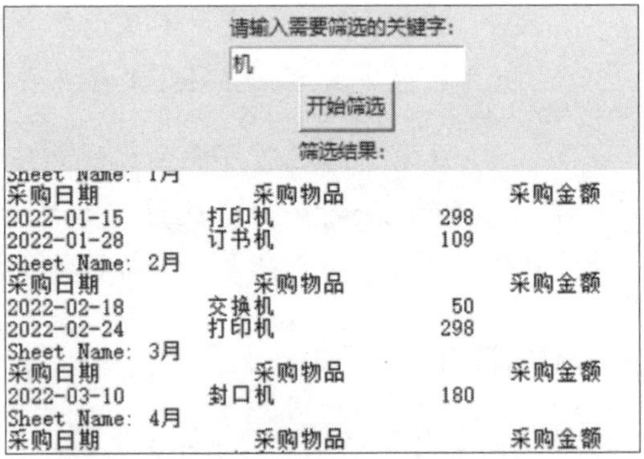

图 8-22

案例 06 分类汇总多个工作表中的数据

◎ 代码文件：分类汇总多个工作表中的数据.py

◎ 数据文件：上半年销售表.xlsx

工作簿“上半年销售表 .xlsx”中有多个工作表，每个工作表中都有一个结构相同的数据表格，如图 8-23 所示。

	A	B	C	D	E	F
1	单号	销售日期	产品名称	成本价	销售价	销售数量
2	20220002	2022/1/2	操纵杆	60	109	45
3	20220006	2022/1/6	操纵杆	60	109	85
4	20220012	2022/1/12	操纵杆	60	109	55
5	20220018	2022/1/18	操纵杆	60	109	21
6	20220026	2022/1/26	操纵杆	60	109	80
7	20220028	2022/1/28	操纵杆	60	109	66
8	20220031	2022/1/31	操纵杆	60	109	24
9	20220035	2022/2/4	操纵杆	60	109	60

操纵杆 | 离合器 | 组合表 | 转速表 | 里程表

图 8-23

◎ 人机对话

[用户] 工作簿"上半年销售表.xlsx"中有多个工作表,每个工作表中都有一个结构相同的数据表格,现在需要进行一系列的数据处理与分析操作:

① 将所有工作表中的数据合并成一个表格;
② 为合并表格添加"销售金额"列,其值的计算公式为"销售价"列×"销售数量"列;
③ 为合并表格添加"销售月份"列,其值从"销售日期"列计算而来;
④ 利用数据透视表分别按照"产品名称"列和"销售月份"列对"销售数量"列和"销售金额"列的数据进行分类汇总求和;
⑤ 将汇总结果保存到新工作簿"上半年销售表_分类汇总.xlsx"的不同工作表中。

请帮我编写相应的 Python 代码。

[AI] 以下是实现您需求的 Python 代码:

```
1   import pandas as pd
2   # 读取工作簿中所有工作表的数据
3   df = pd.read_excel('上半年销售表.xlsx', sheet_name=None)
4   # 对读取的数据进行合并
5   df_all = pd.concat(df)
6   # 为数据添加列
7   df_all['销售金额'] = df_all['销售价'] * df_all['销售数量']
8   df_all['销售月份'] = df_all['销售日期'].dt.to_period('M')
9   # 按照不同方式进行分类汇总
10  pivot1 = df_all.pivot_table(values=['销售数量', '销售金额'], index='产品名称', aggfunc='sum')
```

```python
11  pivot2 = df_all.pivot_table(values=['销售数量', '销售金
    额'], index='销售月份', aggfunc='sum')
12  # 将分类汇总的结果导出至工作簿
13  with pd.ExcelWriter('上半年销售表_分类汇总.xlsx') as work-
    book:
14      pivot1.to_excel(workbook, sheet_name='按产品名称汇总',
        index=True)
15      pivot2.to_excel(workbook, sheet_name='按销售月份汇总',
        index=True)
```

◎ 验证代码

在 Python 编辑器中运行代码后，打开生成的工作簿"上半年销售表_分类汇总.xlsx"，可在不同的工作表中看到按不同方式进行分类汇总求和的结果，如图 8-24 和图 8-25 所示。

	A	B	C	D
1	产品名称	销售数量	销售金额	
2	操纵杆	2575	280675	
3	离合器	2280	125400	
4	组合表	4973	6206304	
5	转速表	4234	1481900	
6	里程表	4722	5893056	
7				
8				

图 8-24

	A	B	C	D
1	销售月份	销售数量	销售金额	
2	2022-01	4073	3239942	
3	2022-02	1601	573772	
4	2022-03	3282	2890347	
5	2022-04	3238	2185927	
6	2022-05	2607	1864785	
7	2022-06	3983	3232562	
8				

图 8-25

◎ 知识扩展

（1）to_period() 函数用于将日期转换成时期，本案例代码中的参数 'M' 表示转换成月。如果要转换成年或季度，可将参数修改为 'Y' 或 'Q'。

（2）pivot_table() 函数用于创建数据透视表。该函数的基本语法格式如下：

> 表达式 .pivot_table(values, index, columns, aggfunc, fill_value)

表达式为一个 DataFrame 对象。

参数 values、index、columns 分别用于指定数据透视表的值字段、行字段、列字段，均可为单列或多列。

参数 aggfunc 用于指定汇总计算的方式，如 'sum'（求和）、'mean'（求平均值）、'count'（计数）。如果要为多个值字段分别设置不同的汇总计算方式，可用字典的形式给出参数值，其中字典的键是值字段，字典的值是计算方式，如 {' 销售数量 ': 'sum', ' 单号 ': 'count'}。

参数 fill_value 用于指定填充缺失值的内容，默认不填充。

案例 07　批量制作数据透视表

◎ 代码文件：批量制作数据透视表.py
◎ 数据文件：上半年销售业绩表.xlsx

工作簿 "上半年销售业绩表 .xlsx" 中有多个工作表，每个工作表中都有一个相同结构的数据表格，如图 8-26 所示。

	A	B	C	D	E	F	G	H
1	销售日期	销售地区	销售城市	销售分部	销售人员	销售商品	销售数量（件）	销售金额
2	2022/1/1	华北	北京	销售分部1	魏**	商品A	280	¥ 616,000.00
3	2022/1/1	华东	上海	销售分部2	温**	商品B	364	¥ 1,310,400.00
4	2022/1/2	华北	天津	销售分部1	王**	商品C	425	¥ 1,190,000.00
5	2022/1/4	华南	广州	销售分部3	辛**	商品A	354	¥ 778,800.00
6	2022/1/4	华中	武汉	销售分部2	华**	商品B	485	¥ 1,746,000.00
7	2022/1/5	华南	广州	销售分部4	何**	商品D	287	¥ 1,148,000.00
8	2022/1/5	华中	武汉	销售分部2	温**	商品C	654	¥ 1,831,200.00
9	2022/1/6	华南	深圳	销售分部3	辛**	商品A	124	¥ 272,800.00

图 8-26

◎ 人机对话

[用户] 工作簿"上半年销售业绩表.xlsx"中有多个工作表,每个工作表中都有一个相同结构的数据表格。现在需要分别基于每个数据表格创建数据透视表,值字段为"销售金额",行字段为"销售地区",列字段为"销售分部",汇总计算方式为"求和"。将创建的数据透视表保存到新工作簿"上半年销售业绩表_数据透视表.xlsx"的不同工作表中,工作表的命名格式为"{原工作表名称}透视表"。请帮我编写相应的Python代码。

[AI] 以下是实现您需求的Python代码:

```python
import pandas as pd
# 读取工作簿中所有工作表的数据
df = pd.read_excel('上半年销售业绩表.xlsx', sheet_name=None)
# 创建新工作簿,用于写入数据透视表
with pd.ExcelWriter('上半年销售业绩表_数据透视表.xlsx') as workbook:
    # 遍历读取的数据,依次取出每个工作表的名称和数据
    for name, data in df.items():
        # 基于当前工作表的数据创建数据透视表
        pivot = data.pivot_table(values='销售金额', index='销售地区', columns='销售分部', aggfunc='sum', fill_value=0)
        # 将数据透视表写入新工作簿
        pivot.to_excel(workbook, sheet_name=f'{name}透视表', index=True)
```

◎ 验证代码

在Python编辑器中运行代码后,打开生成的工作簿"上半年销售业绩表_数据透视

表.xlsx"，即可看到按要求创建的数据透视表，如图 8-27 所示。

	A	B	C	D	E
1	销售地区	销售分部1	销售分部2	销售分部3	销售分部4
2	华东	0	4183800	2059200	3513200
3	华中	3826000	6324000	1806200	1284000
4	华北	3676400	1245200	1694000	2552800
5	华南	3025200	588000	1634600	3369400
6					

1月透视表　2月透视表　3月透视表　4月透视表　5月透视表　6月透视表

图 8-27

◎ 知识扩展

本案例代码中 pivot_table() 函数的参数 fill_value=0 表示将数据透视表中的缺失值填充为 0。例如，3 月份销售分部 1 在华东地区没有任何销售记录，如果不设置 fill_value=0，则数据透视表中的相应单元格将显示为空白。

案例 08　批量标记最大值和最小值

◎ 代码文件：批量标记最大值和最小值.py
◎ 数据文件：上半年销售业绩表_数据透视表.xlsx

本案例数据文件中的工作簿就是案例 07 中生成的工作簿，故不再展示。

◎ 人机对话

 工作簿"上半年销售业绩表_数据透视表.xlsx"中有多个工作表，每个工作表中都有一个相同结构的数据表格。现在需要遍历每个数据表格的第 2 列至最后一列，把每一列中最大值所在的单元格填充为红色，最小值所在的单元格填充为绿色。请帮我编写相应的 Python 代码。

🅰️ 以下是实现您需求的 Python 代码:

```python
import xlwings as xw
import pandas as pd
# 指定工作簿的文件路径
file_path = '上半年销售业绩表_数据透视表.xlsx'
# 指定最大值单元格和最小值单元格的填充颜色
max_color = '#E97875'
min_color = '#A9D08E'
# 读取工作簿中所有工作表的数据
df = pd.read_excel(file_path, sheet_name=None)
# 启动Excel
app = xw.App(visible=False, add_book=False)
# 打开工作簿
workbook = app.books.open(file_path)
# 遍历每个工作表
for worksheet in workbook.sheets:
    # 根据当前工作表的名称提取对应的数据
    data = df[worksheet.name]
    # 选取当前工作表中数据表格的表身
    body_rng = worksheet.range('A2').expand('table')
    # 遍历每列（从第2列开始）
    for n in range(1, data.shape[1]):
        # 选取当前列的数据
        col_data = data.iloc[:, n]
        # 计算数据的最大值和最小值
        max_value = col_data.max()
```

```
26          min_value = col_data.min()
27          # 选取当前列对应的单元格区域
28          col_rng = body_rng.columns[n]
29          # 遍历所选区域中的每一个单元格
30          for cell in col_rng:
31              # 根据单元格的值是否等于最大值或最小值，设置单元格的填充颜色
32              if cell.value == max_value:
33                  cell.color = max_color
34              elif cell.value == min_value:
35                  cell.color = min_color
36              else:
37                  cell.color = None
38 # 另存工作簿
39 workbook.save('上半年销售业绩表_标记最值.xlsx')
40 # 关闭工作簿
41 workbook.close()
42 # 退出Excel
43 app.quit()
```

◎ 验证代码

在 Python 编辑器中运行代码后，打开生成的工作簿"上半年销售业绩表_标记最值.xlsx"，即可看到批量标记最大值和最小值的效果，如图 8-28 所示（具体的颜色效果请读者自行查看）。

	A	B	C	D	E	F
1	销售地区	销售分部1	销售分部2	销售分部3	销售分部4	
2	华东	0	4183800	2059200	3513200	
3	华中	3826000	6324000	1806200	1284000	
4	华北	3676400	1245200	1694000	2552800	
5	华南	3025200	588000	1634600	3369400	
6						

1月透视表　2月透视表　3月透视表　4月透视表　5月透视表　6月透视表

图 8-28

◎ 知识扩展

　　shape 属性是 pandas 模块中 DataFrame 对象的属性，用于返回一个元组，元组中有两个元素，分别代表 DataFrame 中数据的行数和列数。

第9章
数据可视化

数据可视化是指将抽象的数据用直观易懂的图形表达出来。通过数据可视化，人们可以更好地理解和分析数据，快速发现隐藏在数据中的模式和趋势，从而做出更科学的决策。图表是数据可视化最常见的表达形式，本章将讲解如何通过编写 Python 代码绘制柱形图、饼图、折线图、条形图、旭日图等图表。

案例 01　绘制柱形图

◎ 代码文件：绘制柱形图.py

◎ 数据文件：月度销售额.xlsx

工作簿“月度销售额 .xlsx”的第 1 个工作表中有一个数据表格，如图 9-1 所示。

月份	销售额（万元）
1月	100
2月	90
3月	88
4月	70
5月	66
6月	50
7月	40
8月	55
9月	56
10月	88
11月	95
12月	98

Sheet1

图 9-1

◎ 人机对话

工作簿“月度销售额 .xlsx”的第 1 个工作表中有一个数据表格，表格一共有两列：第 1 列为“月份”，数据内容为 12 个月份的名称；第 2 列为“销售额（万元）”，数据内容为相应月份的销售额。现在需要基于表格中的数据绘制柱形图，画布尺寸为 8 英寸[1] × 4.5 英寸，每个柱子代表一个月份，柱子的高度表示该月份的销售额，柱子的填充颜色为橙色。请帮我编写相应的 Python 代码。

AI 您可以使用 pandas 模块读取数据，再使用 Matplotlib 模块将数据绘制成柱形图。以下是一段简单的代码，可以实现您的需求：

```
import pandas as pd
import matplotlib.pyplot as plt
# 读取工作簿中的数据
```

① 1英寸=2.54厘米。

```
4    data = pd.read_excel('月度销售额.xlsx', sheet_name=0)
5    # 获取月份和销售额数据
6    months = data['月份']
7    sales = data['销售额(万元)']
8    # 新建空白画布
9    plt.figure(figsize=(8, 4.5))
10   # 绘制柱形图
11   plt.bar(x=months, height=sales, color='orange')
12   # 设置图表标题和坐标轴标签
13   plt.title(label='月度销售额')
14   plt.xlabel('月份')
15   plt.ylabel('销售额(万元)')
16   # 显示图表
17   plt.show()
```

这段代码将读取的数据存储在一个名为 data 的 DataFrame 对象中，然后使用列标签从 DataFrame 对象中分别获取月份和销售额数据，接着使用 plt.figure() 函数新建指定尺寸的空白画布，使用 plt.bar() 函数绘制柱形图，再使用 plt.title() 函数、plt.xlabel() 函数和 plt.ylabel() 函数设置图表标题和坐标轴标签，最后使用 plt.show() 函数显示图表。

> **提 示**
>
> Matplotlib 是一个用于绘制各种类型图表的 Python 第三方模块，其安装命令为 "pip install matplotlib"。

我运行了上述代码，但是绘制的柱形图中的中文显示为方框，这是怎么回事呢？

这个问题通常是由于 Matplotlib 模块的默认字体不支持中文字符导致的。您可以尝试在绘制柱形图的代码上方添加以下代码，将默认字体设置为中文字体。

```
1  # 将绘图的默认字体设置为微软雅黑
2  plt.rcParams['font.sans-serif'] = ['Microsoft YaHei']
```

◎ 验证代码

在 Python 编辑器中运行代码后,在弹出的绘图窗口中可以看到如图 9-2 所示的柱形图。

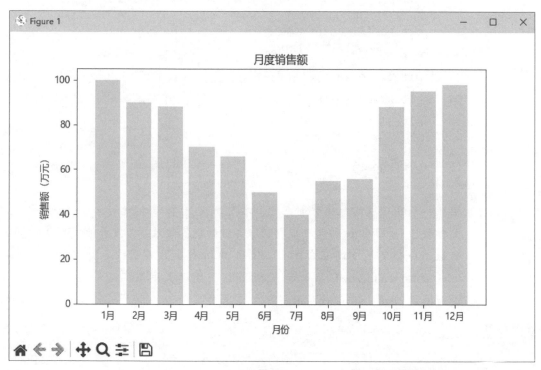

图 9-2

◎ 知识扩展

(1)在代码中设置绘制图表的默认字体时,需要使用字体的英文名称。表 9-1 列出了一些常用中文字体的英文名称。

表 9-1　常用中文字体的英文名称

中文名称	英文名称	中文名称	英文名称	中文名称	英文名称
黑体	SimHei	楷体	KaiTi	宋体	SimSun
微软雅黑	Microsoft YaHei	仿宋	FangSong	新宋体	NSimSun

（2）bar() 函数是 Matplotlib 模块中用于绘制柱形图的函数。该函数的语法格式如下：

bar(x, height, width, align, color)

参数 x 和 height 分别用于设置每个柱子的位置和高度。

参数 width 用于设置每个柱子的宽度，其值并不表示一个具体的尺寸，而是表示柱子的宽度在图表中所占的比例，默认值为 0.8。如果设置为 1，则各个柱子会紧密相连；如果设置为大于 1 的数，则各个柱子会相互交叠。

参数 align 用于设置柱子的位置与 x 坐标的关系。设置为 'center'（默认值）时表示柱子与 x 坐标居中对齐，为 'edge' 时表示柱子与 x 坐标左对齐。

参数 color 用于设置柱子的填充颜色，默认为蓝色。Matplotlib 模块支持多种格式的颜色，常用的格式有以下几种：

- 用内容为浮点型数字的字符串表示的灰度颜色，如 '0.6'，浮点型数字的取值范围为 0.0 ~ 1.0，数值越接近 0.0，颜色越接近黑色，数值越接近 1.0，颜色越接近白色；
- 8 种基本颜色的英文简写，包括 'r'（红色）、'g'（绿色）、'b'（蓝色）、'c'（青色）、'm'（洋红色）、'y'（黄色）、'k'（黑色）、'w'（白色）；
- X11/CSS4 颜色，这是预先定义的一系列颜色名称，如 'green'、'black'、'orange'、'blueviolet'、'aqua'，感兴趣的读者可利用搜索引擎做进一步了解；
- RGB 颜色元组，但需将每个整数除以 255，例如，(51, 255, 0) 要写成 (0.2, 1.0, 0.0)；
- 十六进制颜色码，如 '#33FF00' 或 '#33ff00'。

参数 x 和 height 为必需参数，其他参数为可选参数。

（2）title()函数用于设置图表的标题。该函数的语法格式如下：

title(label, fontdict, loc, pad)

参数 label 用于设置图表标题的文本内容。

参数 fontdict 用于设置图表标题的文本格式，如字体、颜色、字号等。参数值为一个字典，字典的键和值分别是文本格式的参数名和参数值。

参数 loc 用于设置图表标题的位置，可取的值有 'left'（靠左）、'center'（居中）、'right'（靠右）。

参数 pad 用于设置标题与图表的距离。

参数 label 为必需参数，其他参数为可选参数。

（3）在绘制图表时，为了增强图表的可读性，还可以在图表上添加图例、数据标签、网格线等元素，并自定义坐标轴的刻度范围。演示代码如下：

```
1   import pandas as pd
2   import matplotlib.pyplot as plt
3   # 读取工作簿中的数据
4   data = pd.read_excel('月度销售额.xlsx', sheet_name=0)
5   # 获取月份和销售额数据
6   months = data['月份']
7   sales = data['销售额（万元）']
8   # 新建空白画布
9   plt.figure(figsize=(8, 4.5))
10  # 将绘图的默认字体设置为微软雅黑
11  plt.rcParams['font.sans-serif'] = ['Microsoft YaHei']
12  # 绘制柱形图
13  plt.bar(x=months, height=sales, color='orange', label='销售额（万元）')
14  # 设置图表标题和坐标轴标签
```

```
15      plt.title(label='月度销售额')
16      plt.xlabel('月份')
17      plt.ylabel('销售额（万元）')
18      # 添加图例
19      plt.legend(loc='best', fontsize=12)
20      # 将x坐标和y坐标的数据一一配对
21      for a, b in zip(months, sales):
22          # 添加数据标签
23          plt.text(x=a, y=b, s=b, ha='center', va='bottom', fontdict={'fam-
        ily': 'Arial', 'color': 'k', 'size': 12})
24      # 添加网格线
25      plt.grid(visible=True, axis='both', color='k', linestyle='dotted',
        linewidth=1)
26      # 设置y轴的刻度范围
27      plt.ylim(bottom=20, top=120)
28      # 显示图表
29      plt.show()
```

运行代码后，在弹出的绘图窗口中可以看到如图9-3所示的柱形图效果。

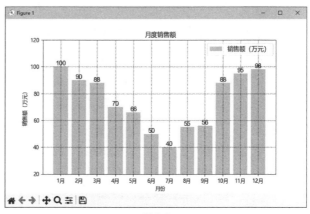

图 9-3

案例 02　绘制饼图

◎ 代码文件：绘制饼图.py
◎ 数据文件：各城市销量.xlsx

工作簿"各城市销量.xlsx"的第 1 个工作表中有一个数据表格，如图 9-4 所示。

图 9-4

◎ 人机对话

工作簿"各城市销量.xlsx"的第 1 个工作表中有一个数据表格，表格一共有两列：第 1 列为"城市"，数据内容为一些城市的名称；第 2 列为"销量（件）"，数据内容为相应城市的销量。我想绘制一张图表来展示不同城市的销量占比情况，请问选择哪种图表更合适呢？

对于展示不同城市的销量占比情况，一种合适的图表类型是饼图。饼图的主要特点是将一个整体分割成几个部分，每个部分的大小表示其在整体中的比例。对于您的情况，整体是总销量，而每个部分是不同城市的销量。通过饼图，您可以一目了然地看到各个城市销量的相对大小，以及它们在总销量中所占的比例。您还可以在图表上添加城市名称和销量百分比，以便更清楚地传达信息。

需要注意的是，如果您的数据集包含大量的城市或者有些城市的销量非常接近，可能会导致饼图上占比较小的部分难以区分。在这种情况下，您可以考虑使用其他图表类型，如条形图或堆积条形图。

> 我想基于上述数据表格绘制饼图,在图表上要显示城市名称和销量百分比。请帮我编写相应的 Python 代码。

以下是实现您需求的 Python 代码:

```python
import pandas as pd
import matplotlib.pyplot as plt
# 读取工作簿中的数据
data = pd.read_excel('各城市销量.xlsx', sheet_name=0)
# 获取城市和销量数据
cities = data['城市']
sales = data['销量(件)']
# 定义饼图块的填充颜色
colors = ['#ff9999', '#66b3ff', '#99ff99', '#ffcc99', '#ff99cc', '#c2c2f0']
# 将绘图的默认字体设置为微软雅黑
plt.rcParams['font.sans-serif'] = ['Microsoft YaHei']
# 新建空白画布
plt.figure(figsize=(8, 4.5))
# 绘制饼图
plt.pie(x=sales, labels=cities, colors=colors, autopct='%1.1f%%')
plt.title(label='各城市销量占比')
# 显示图形
plt.show()
```

这段代码使用 Matplotlib 模块中的 plt.pie() 函数绘制饼图。其中,参数 x 用于指定饼图块的数据系列值,参数 labels 用于设置数据标签的内容,参数 colors 用于设置各个饼图块的填充颜色,参数 autopct 用于设置饼图块所占百分比的数字格式。

◎ 验证代码

在 Python 编辑器中运行代码后，在弹出的绘图窗口中可以看到如图 9-5 所示的饼图。

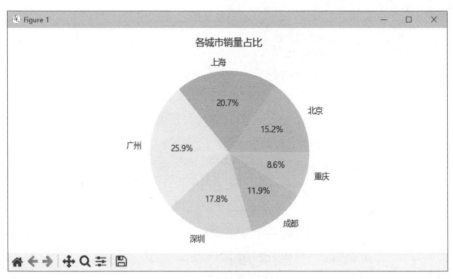

图 9-5

◎ 知识扩展

如果要突出展示某个饼图块，可以通过设置 plt.pie() 函数的参数 explode 将该饼图块单独分离出来。例如，在本案例中想要把销量占比最高的"广州"对应的饼图块分离出来，可以将绘制饼图的代码修改成如下形式：

```
1  plt.pie(x=sales, labels=cities, colors=colors, autopct='%1.1f%%', explode=[0, 0, 0.1, 0, 0, 0])
```

参数 explode 用于设置每一个饼图块与圆心的距离，其值通常是一个长度与饼图块数量相同的列表。在上面这行代码中，列表中的第 3 个元素为 0.1，其余元素均为 0，表示将"广州"对应的饼图块与圆心的距离设置为半径的 10%，其余饼图块与圆心的距离为 0。

修改并运行代码后，在弹出的绘图窗口中可以看到如图 9-6 所示的分离饼图块效果。

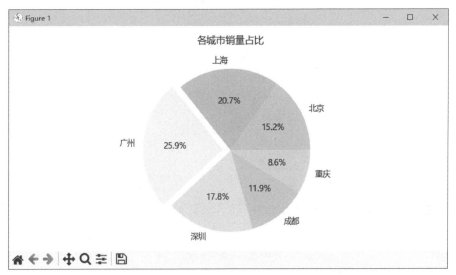

图 9-6

案例 03　绘制折线图

◎ 代码文件：绘制折线图.py、用对话框选择图表类型.py
◎ 数据文件：月度销售额.xlsx

本案例的数据文件与案例 01 相同，故不再展示。

◎ 人机对话

 工作簿"月度销售额.xlsx"的第 1 个工作表中有一个数据表格，表格一共有两列：第 1 列为"月份"，数据内容为 12 个月份的名称；第 2 列为"销售额（万元）"，数据内容为相应月份的销售额。现在需要基于表格中的数据绘制折线图，x 轴为月份，y 轴为销售额。请帮我编写相应的 Python 代码。

AI　以下是实现您需求的 Python 代码：

```python
import pandas as pd
import matplotlib.pyplot as plt
# 读取工作簿中的数据
data = pd.read_excel('月度销售额.xlsx', sheet_name=0)
# 获取月份和销售额数据
months = data['月份']
sales = data['销售额（万元）']
# 新建空白画布
plt.figure(figsize=(8, 4.5))
# 将绘图的默认字体设置为微软雅黑
plt.rcParams['font.sans-serif'] = ['Microsoft YaHei']
# 绘制折线图
plt.plot(months, sales, marker='o')
# 设置图表标题和坐标轴标签
plt.title(label='月度销售额变化趋势')
plt.xlabel('月份')
plt.ylabel('销售额（万元）')
# 显示图表
plt.show()
```

👤 如果要基于同一个数据表格绘制不同类型的图表，如折线图、柱形图、饼图，图表的类型通过一个对话框中的下拉列表框来选择，应该如何修改代码呢？

🤖 若您希望通过对话框中的下拉列表框来选择要绘制的图表类型，可以使用 Python 的内置模块 tkinter 来创建一个简单的图形用户界面（GUI）。下面是一个修改后的代码示例，它允许您选择要绘制的图表类型（折线图、柱形图或饼图）：

```python
import tkinter as tk
from tkinter import ttk
import pandas as pd
import matplotlib.pyplot as plt
# 创建一个GUI窗口
root = tk.Tk()
root.title('选择图表类型')
# 创建一个标签控件用于显示提示文本
label = ttk.Label(root, text='选择图表类型：')
label.pack(side='left', padx=5, pady=5)
# 创建一个下拉列表控件供用户选择图表类型
combo = ttk.Combobox(root, values=['折线图', '柱形图', '饼图'])
combo.pack(side='left', padx=5, pady=5)
combo.set('折线图')
# 定义绘制图表的函数
def draw_chart():
    # 读取工作簿中的数据
    data = pd.read_excel('月度销售额.xlsx', sheet_name=0)
    # 获取月份和销售额数据
    months = data['月份']
    sales = data['销售额（万元）']
    # 获取用户选择的图表类型
    chart_type = combo.get()
    # 设置画布的尺寸
    plt.rcParams['figure.figsize'] = (8, 4.5)
    # 清除当前画布中的图表，确保每次绘制都是在一张空白画布中进行
```

```
27        plt.clf()
28        # 将绘图的默认字体设置为微软雅黑
29        plt.rcParams['font.sans-serif'] = ['Microsoft Ya-
          Hei']
30        # 根据用户选择的图表类型进行绘图
31        if chart_type == '折线图':
32            plt.plot(months, sales, marker='o')
33            plt.title(label='月度销售额变化趋势')
34            plt.xlabel('月份')
35            plt.ylabel('销售额(万元)')
36        elif chart_type == '柱形图':
37            plt.bar(x=months, height=sales)
38            plt.title(label='各月销售额对比')
39            plt.xlabel('月份')
40            plt.ylabel('销售额(万元)')
41        elif chart_type == '饼图':
42            plt.pie(x=sales, labels=months, autopct=
              '%1.1f%%')
43            plt.title(label='各月销售额占比')
44        # 显示绘制的图表
45        plt.show()
46    # 创建一个按钮控件,并绑定绘制图表的函数
47    button = ttk.Button(root, text='绘制', command=draw_
      chart)
48    button.pack(side='left', padx=5, pady=5)
49    # 启动GUI事件循环
50    root.mainloop()
```

这段代码使用 tkinter 模块创建了一个简单的 GUI 窗口。窗口包含一个标签（label）和一个下拉列表框（combo），用于选择图表类型。此外，还添加了一个按钮（button），当用户单击该按钮时，调用 draw_chart() 函数绘制所选类型的图表。

◎ 验证代码

在 Python 编辑器中运行代码，将弹出如图 9-7 所示的对话框，在"选择图表类型"下拉列表框中选择要绘制的图表类型，如"折线图"，然后单击"绘制"按钮。

图 9-7

在弹出的绘图窗口中即可看到根据所选类型绘制的图表，如图 9-8 所示。

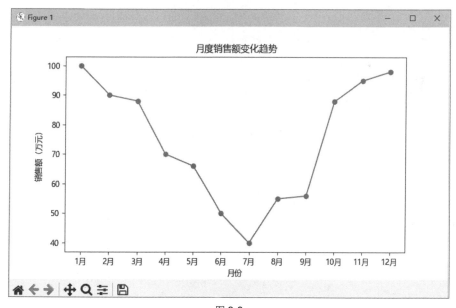

图 9-8

◎ 知识扩展

plot() 函数是 Matplotlib 模块中用于绘制折线图的函数。该函数的语法格式如下：

plot(x, y, color, linewidth, linestyle, marker, markersize)

参数 x 和 y 分别用于设置数据点在 x 轴和 y 轴上的坐标值。

参数 color 用于设置折线的颜色，默认为蓝色。

参数 linewidth 用于设置折线的粗细（单位：pt），默认值为 1.5。

参数 linestyle 用于设置折线的线型，默认值为 '-'，代表实线。

参数 marker 用于设置数据标记的样式，默认值为 '.'，代表小的实心圆。本案例代码中的 'o' 代表大的实心圆。

参数 markersize 用于设置数据标记的大小（单位：pt），默认值为 6。

案例 04　绘制动态条形图

◎ 代码文件：绘制动态条形图.py
◎ 数据文件：销售记录表.xlsx

工作簿"销售记录表.xlsx"的第 1 个工作表中存储着各产品历年的销量数据，并且已按"销售年份"列和"产品名称"列做了升序排列，如图 9-9 所示。

	A	B	C
1	销售年份	产品名称	销量
2	1996	报告夹	12768
3	1996	笔筒	13449
4	1996	档案盒	14919
5	1996	订书机	6525
252	2022	墨水笔芯	3496
253	2022	票据夹	3513
254	2022	修正液	6959
255	2022	削笔刀	12928

图 9-9

◎ 人机对话

[用户] 工作簿"销售记录表.xlsx"的第 1 个工作表中有一个数据表格,表格有"销售年份""产品名称""销量"共 3 列,记录了多种产品历年来的销量数据。现在需要利用表格中的数据绘制一个水平方向的条形图,用动画效果展示各产品的销量随销售年份变化的情况,其中 x 轴为销量,y 轴为产品名称。请帮我编写相应的 Python 代码。

[AI] 以下是实现您需求的 Python 代码:

```
1   import pandas as pd
2   import plotly.express as px
3   # 读取工作簿中的数据
4   df = pd.read_excel('销售记录表.xlsx', sheet_name=0)
5   # 创建水平条形图
6   fig = px.bar(data_frame=df,
7                x='销量',
8                y='产品名称',
9                color='产品名称',
10               animation_frame='销售年份',
11               orientation='h',
12               range_x=[0, df['销量'].max()],
13               title='产品销量随年份的变化')
14  # 设置图表布局
15  fig.update_layout(xaxis_title='销量(件)',
16                   yaxis_title='产品名称',
17                   paper_bgcolor='rgba(0,0,0,0)',
18                   plot_bgcolor='rgba(0,0,0,0)',
```

```
19                    showlegend=False)
20  # 将图表保存为HTML文件
21  fig.write_html('产品销量动态条形图.html')
```

这段代码使用 pandas 模块读取工作簿中的数据，并使用 Plotly 模块的 express 子模块中的 bar() 函数创建动态条形图。在代码中为 bar() 函数指定了以下参数：

- data_frame=df：将图表的源数据指定为用 pandas 模块读取的数据（一个 DataFrame 对象）。
- x='销量'：将销量作为 x 轴数据。
- y='产品名称'：将产品名称作为 y 轴数据。
- color='产品名称'：根据产品名称对条形图进行着色，以区分不同产品。
- animation_frame='销售年份'：根据销售年份创建动画帧，实现动画效果。
- orientation='h'：将条形图设置为水平方向。
- range_x=[0, df['销量'].max()]：设置 x 轴的数值范围为 0 到销量的最大值，确保条形图能够完整显示所有数据。
- title='产品销量随年份的变化'：设置图表的标题。

最后，将生成的动态条形图保存为一个 HTML 文件，文件名为"产品销量动态条形图.html"。您可以在网页浏览器中打开该文件，以查看和共享可视化结果。

◎ 验证代码

在 Python 编辑器中运行代码后，用浏览器打开生成的 HTML 文件"产品销量动态条形图.html"，页面中将自动播放绘制的动态条形图，如图 9-10 所示。也可以拖动下方的滑块查看不同年份的产品销量情况。

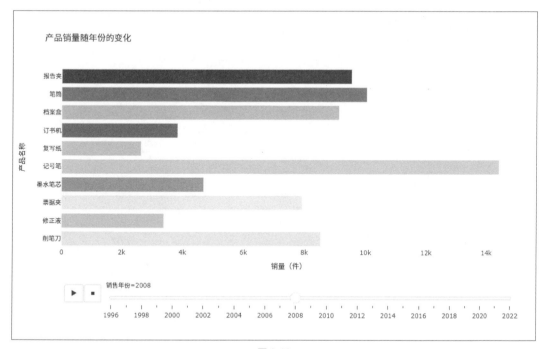

图 9-10

◎ 知识扩展

Plotly 模块中的 update_layout() 函数用于更新图表的布局,包括图表的标题、轴标签、轴范围、背景颜色等。该函数的语法格式如下:

update_layout(title, xaxis_title, yaxis_title, paper_bgcolor, plot_bgcolor, showlegend)

参数 title 用于设置图表的标题。

参数 xaxis_title 和 yaxis_title 分别用于设置 x 轴和 y 轴的标题。

参数 paper_bgcolor 和 plot_bgcolor 分别用于设置图表页面的背景颜色和图表区域的背景颜色。

参数 showlegend 用于设置是否显示图例。

案例 05　绘制可交互的旭日图

◎ 代码文件：绘制可交互的旭日图.py
◎ 数据文件：各分公司经营数据.xlsx

工作簿"各分公司经营数据.xlsx"的第 1 个工作表中有一个数据表格，存储着某企业集团各分公司在 2022 年 1 月至 12 月期间每月的经营数据，如图 9-11 所示。

	A	B	C	D	E	F	G	H	I
1	年份	月份	区域	分公司	营业收入	营业成本	利润总额	净利润	资产合计
2	2022	1	西南	成都分公司	¥ 306,030.25	¥ 42,635.21	¥ 60,205.56	¥ 45,154.17	¥ 355,024.70
3	2022	1	华南	深圳分公司	¥ 148,320.45	¥ 112,712.51	¥ 15,942.08	¥ 11,956.56	¥ 615,345.18
4	2022	1	西南	重庆分公司	¥ 95,636.23	¥ 58,693.26	¥ 26,305.96	¥ 19,729.47	¥ 105,661.46
5	2022	1	华南	东莞分公司	¥ 263,120.36	¥ 243,120.36	¥ 121,560.18	¥ 91,170.13	¥ 273,145.59
6	2022	1	华中	郑州分公司	¥ 563,605.96	¥ 543,605.96	¥ 271,802.98	¥ 203,852.23	¥ 573,631.19
7	2022	1	华东	青岛分公司	¥ 258,092.12	¥ 238,092.12	¥ 119,046.06	¥ 89,284.54	¥ 268,117.35
8	2022	1	华中	长沙分公司	¥ 256,015.14	¥ 236,015.14	¥ 118,007.57	¥ 88,505.67	¥ 266,040.37
9	2022	1	华东	南京分公司	¥ 584,025.36	¥ 564,025.36	¥ 282,012.68	¥ 211,509.51	¥ 594,050.59
10	2022	1	华中	武汉分公司	¥ 450,362.31	¥ 430,362.31	¥ 215,181.16	¥ 161,385.87	¥ 460,387.54
11	2022	1	华东	上海分公司	¥ 458,630.96	¥ 438,630.96	¥ 219,315.48	¥ 164,486.61	¥ 468,656.19
118	2022	12	华中	长沙分公司	¥ 72,926.16	¥ 73,074.99	¥ 10,063.26	¥ 7,547.44	¥ 489,243.58
119	2022	12	华东	南京分公司	¥ 1,865,332.33	¥ 159,770.32	¥ 80,506.12	¥ 63,709.59	¥ 164,228.53
120	2022	12	华中	武汉分公司	¥ 421,014.58	¥ 384,205.33	¥ 26,002.88	¥ 19,502.16	¥ 211,810.36
121	2022	12	华东	上海分公司	¥ 276,062.27	¥ 281,503.11	¥ 32,802.66	¥ 24,601.99	¥ 179,975.88

图 9-11

◎ 人机对话

👤 工作簿"各分公司经营数据.xlsx"的第 1 个工作表中记录了某企业集团各分公司在 2022 年 1 至 12 月期间每月的经营数据。现在需要基于"区域""分公司""营业收入"这 3 列数据绘制可交互的旭日图，展示在不同区域的各个分公司的营业收入占比情况。请帮我编写相应的 Python 代码。

🤖 要绘制可交互的旭日图，可以使用 Python 中的 Plotly 模块。以下是实现您需求的 Python 代码：

```python
1   import pandas as pd
2   import plotly.express as px
3   # 读取工作簿中的数据
4   data = pd.read_excel('各分公司经营数据.xlsx', sheet_name=0)
5   # 绘制旭日图
6   fig = px.sunburst(data_frame=data, path=['区域', '分公司'], values='营业收入')
7   # 配置图表格式
8   fig.update_traces(texttemplate='%{label}<br>%{percentRoot:.2%}', insidetextorientation='auto', textfont={'size': 16})
9   fig.update_layout(title={'text': '2022年营业收入占比分析', 'x': 0.5, 'y': 0.92, 'xanchor': 'center', 'yanchor': 'bottom', 'font': {'size': 24}})
10  fig.update_layout(autosize=False, height=600, width=600)
11  # 将图表保存为HTML文件
12  fig.write_html('2022年营业收入占比分析.html')
```

这段代码先使用 pandas 模块读取工作簿中的数据，然后使用 Plotly 模块的 express 子模块中的 sunburst() 函数绘制旭日图，参数 path=['区域', '分公司'] 指定了旭日图的层级结构，values='营业收入' 表示使用"营业收入"列的数据来确定每个分公司的图块大小。代码还对图表的样式进行了一些自定义设置。

◎ 验证代码

在 Python 编辑器中运行代码后，用浏览器打开生成的 HTML 文件"2022 年营业收入占比分析 .html"，即可看到绘制的旭日图，从图中可以直观地看出各区域和各分公司营业收入的占比大小。将鼠标指针放在某个图块上，将显示该图块对应的详细数据，如图 9-12 所示；

单击某个父级图块,可展开显示该父级图块及其子级图块的内容,如图 9-13 所示。单击中间的父级图块可返回显示完整的图表。

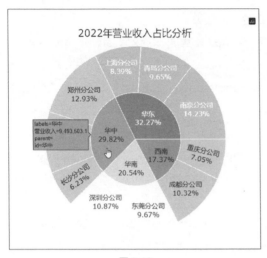

图 9-12

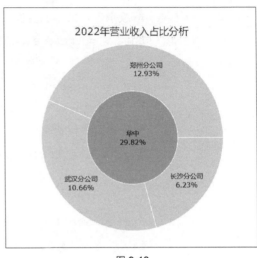

图 9-13

◎ 知识扩展

(1)旭日图是一种层次化的饼图,适用于可视化具有多个级别的数据。旭日图的每个环代表一个级别,而每个环的划分代表该级别下的子类别,这样就能清晰地展示数据的结构和关系。用于绘制旭日图的 sunburst() 函数的基本语法格式如下:

sunburst(data_frame, path, values)

参数 data_frame 用于指定图表的源数据(一个 DataFrame 对象)。

参数 path 用于指定数据的层次结构路径,即层级关系的列名列表,每个元素表示一个层级。

参数 values 用于指定每个层级的数值,以确定图块的大小,可以是 DataFrame 对象中的列名。

(2)update_traces() 函数用于设置旭日图的各项参数,该函数的基本语法格式如下:

update_traces(texttemplate, insidetextorientation, textfont)

参数 texttemplate 用于设置图块中文本的内容和格式。本案例代码中的 '%{label}
%{percentRoot:.2%}' 表示在图块中显示级别名称和占比，其中占比的格式为两位小数的百分数。

参数 insidetextorientation 用于设置图块文本的排列方向，可取的值有 'auto'、'horizontal'、'radial'、'tangential'，其中 'auto' 表示根据图块的大小自动调整方向。

参数 textfont 用于设置图块文本的字体格式，参数值是一个字典，字典的键值对为属性名和属性值，可以包含 'family'（字体系列）、'size'（字体大小）、'color'（字体颜色）等。

案例 06　在一张画布中绘制多个图表

◎ 代码文件：在一张画布中绘制多个图表.py
◎ 数据文件：各城市销量.xlsx

本案例的数据文件与案例 02 相同，故不再展示。

◎ 人机对话

工作簿"各城市销量.xlsx"的第 1 个工作表中有一个数据表格，表格一共有两列：第 1 列为"城市"，数据内容为一些城市的名称；第 2 列为"销量（件）"，数据内容为相应城市的销量。现在需要将一张画布分成 4 个区域，在各个区域中分别绘制柱形图、条形图、折线图、饼图来展示销量数据。请帮我编写相应的 Python 代码。

以下是实现您需求的 Python 代码：

```
1  import pandas as pd
2  import matplotlib.pyplot as plt
3  # 读取工作簿中的数据
```

```python
4   data = pd.read_excel('各城市销量.xlsx', sheet_name=0)
5   # 获取城市和销量数据
6   cities = data['城市']
7   sales = data['销量(件)']
8   # 将绘图的默认字体设置为微软雅黑
9   plt.rcParams['font.sans-serif'] = ['Microsoft YaHei']
10  # 创建画布和子图
11  fig, axs = plt.subplots(nrows=2, ncols=2, figsize=(12, 8))
12  fig.suptitle('各城市销量情况', fontsize=16)
13  # 绘制第1个子图：柱形图
14  axs[0, 0].bar(x=cities, height=sales)
15  axs[0, 0].set_title('柱形图')
16  # 绘制第2个子图：条形图
17  axs[0, 1].barh(y=cities, width=sales)
18  axs[0, 1].set_title('条形图')
19  # 绘制第3个子图：折线图
20  axs[1, 0].plot(cities, sales, marker='o')
21  axs[1, 0].set_title('折线图')
22  # 绘制第4个子图：饼图
23  axs[1, 1].pie(x=sales, labels=cities, autopct='%1.1f%%')
24  axs[1, 1].set_title('饼图')
25  # 调整子图的布局
26  plt.tight_layout()
27  # 显示图表
28  plt.show()
```

这段代码将创建一张12英寸×8英寸的画布，并在画布中创建一个2×2的子图网格，然后在每个网格中使用相应的函数绘制不同类型的图表。

◎ 验证代码

在 Python 编辑器中运行代码，在弹出的绘图窗口中可以看到如图 9-14 所示的多个图表效果。

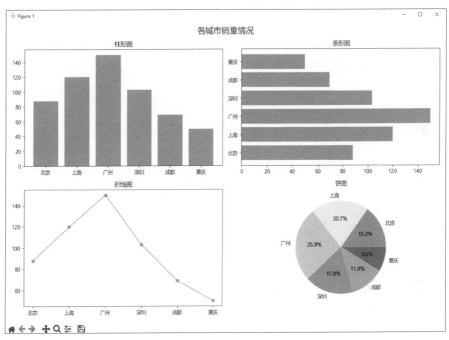

图 9-14

◎ 知识扩展

（1）subplots() 函数用于创建包含多个子图的图表，它有两个常用的参数：nrows 和 ncols。其中，nrows 表示子图网格的行数，ncols 表示子图网格的列数。通过指定这两个参数，可以创建不同排列方式的子图布局。例如，subplots(nrows=2, ncols=2) 就表示创建一个 2×2 的子图网格，其中共有 4 个子图。subplots() 函数返回的是一个包含所有子图的 Figure 对象和一个包含每个子图的 Axes 对象的数组。可以使用返回的数组来访问和操作每个子图对象，例如，axs[0, 0] 表示第 1 行第 1 列的子图，axs[0, 1] 表示第 1 行第 2 列的子图，依此类推。

（2）tight_layout() 函数用于自动调整每个子图的大小和位置，以合理分配画布空间，并避免标签和标题重叠，使整个图表更美观易读。需要注意的是，当子图中的元素过多或过于复杂时，该函数可能会产生不理想的效果，此时需要手动调整子图布局和元素位置以达到更好的效果。

案例 07　绘制组合图表

◎ 代码文件：绘制组合图表.py
◎ 数据文件：各月销售额.xlsx

工作簿"各月销售额.xlsx"的第 1 个工作表中记录了 12 个月的产品销售额和同比增长率，如图 9-15 所示。

	A	B	C
1	月份	销售额（万元）	同比增长率（%）
2	1月	45	18
3	2月	12	12
4	3月	56	20
5	4月	81.3	51
6	5月	26.8	25
7	6月	22	30
8	7月	85.6	16
9	8月	66.38	18
10	9月	24.6	9
11	10月	34.21	8
12	11月	25.69	8
13	12月	17.78	35
14			

图 9-15

◎ 人机对话

工作簿"各月销售额.xlsx"的第 1 个工作表中有一个数据表格，表格有 3 列，列名分别为"月份""销售额（万元）""同比增长率（%）"。现在需要绘制一个柱形图和折线图的组合图表，其中柱形图用于展示销售额，折线图用于展示同比增长率。此外，该组合图表要有图例。请帮我编写相应的 Python 代码。

以下是实现您需求的 Python 代码：

```
1   import pandas as pd
2   import matplotlib.pyplot as plt
3   # 读取工作簿中的数据
4   df = pd.read_excel('各月销售额.xlsx', sheet_name=0)
5   # 提取月份、销售额和同比增长率的数据
6   months = df['月份']
7   sales = df['销售额（万元）']
8   growth_rates = df['同比增长率（%）']
9   # 将绘图的默认字体设置为微软雅黑
10  plt.rcParams['font.sans-serif'] = ['Microsoft YaHei']
11  # 创建画布和子图对象
12  fig, ax1 = plt.subplots(figsize=(8, 4.5))
13  # 绘制柱形图
14  bar = ax1.bar(x=months, height=sales, color='0.8', label='销售额（万元）')
15  ax1.set_xlabel('月份')
16  ax1.set_ylabel('销售额（万元）')
17  # 创建第2个坐标轴对象并绘制折线图
18  ax2 = ax1.twinx()
19  line = ax2.plot(months, growth_rates, color='0.4', marker='o', label='同比增长率（%）')
20  ax2.set_ylabel('同比增长率（%）')
```

```
21    # 合并柱形图和折线图的图例
22    handler1, label1 = ax1.get_legend_handles_labels()
23    handler2, label2 = ax2.get_legend_handles_labels()
24    ax1.legend(handler1 + handler2, label1 + label2, loc=
      'upper right')
25    # 设置图表标题
26    plt.title('月度销售额和同比增长率')
27    # 显示图表
28    plt.show()
```

◎ **验证代码**

在 Python 编辑器中运行代码后，在弹出的绘图窗口中可以看到如图 9-16 所示的组合图表。

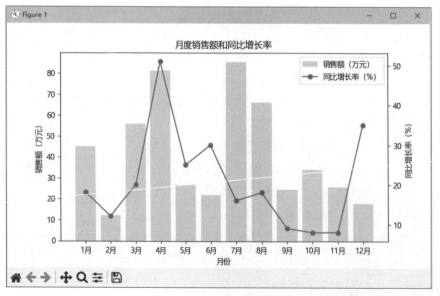

图 9-16

◎ 知识扩展

（1）twinx() 函数用于创建具有共享 x 轴但具有不同 y 轴的两个子图（坐标轴）。

（2）legend() 函数用于在图表中添加图例，图例的内容由相应的绘图函数决定。该函数的参数 loc 用于设置图例的位置，取值可以为字符串或整型数字，具体见表 9-2。需要注意的是，'right' 实际上等同于 'center right'，这个值是为了兼容旧版本的 Matplotlib 模块而设立的。

表 9-2　参数 loc 的值

字符串	整型数字	图例位置	字符串	整型数字	图例位置
'best'	0	根据图表区域自动选择	'center left'	6	左侧中间
'upper right'	1	右上角	'center right'	7	右侧中间
'upper left'	2	左上角	'lower center'	8	底部中间
'lower left'	3	左下角	'upper center'	9	顶部中间
'lower right'	4	右下角	'center'	10	正中心
'right'	5	右侧中间	—	—	—

案例 08　在多个工作表中插入图表

◎ 代码文件：在多个工作表中插入图表.py
◎ 数据文件：各月销量表.xlsx

工作簿"各月销量表 .xlsx"中有多个工作表，每个工作表中都有一个记录配件销量数据的表格，如图 9-17 所示。

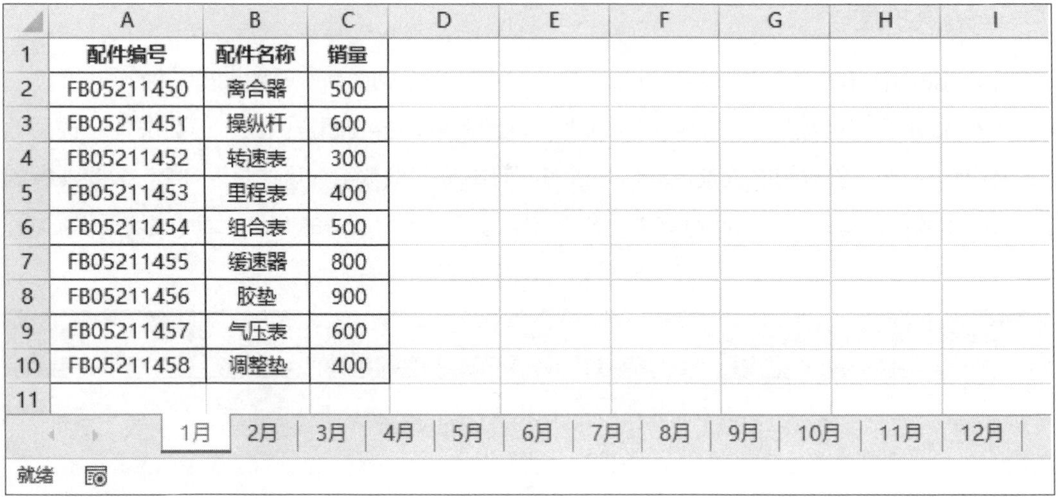

	A	B	C
1	配件编号	配件名称	销量
2	FB05211450	离合器	500
3	FB05211451	操纵杆	600
4	FB05211452	转速表	300
5	FB05211453	里程表	400
6	FB05211454	组合表	500
7	FB05211455	缓速器	800
8	FB05211456	胶垫	900
9	FB05211457	气压表	600
10	FB05211458	调整垫	400
11			

图 9-17

◎ 人机对话

> 工作簿"各月销量表.xlsx"中有多个工作表，每个工作表中都有一个记录配件销量数据的表格。现在需要将每个工作表中的数据绘制成柱形图，x 轴的数据来自表格的"配件名称"列，y 轴的数据来自表格的"销量"列。绘制好的柱形图要插入相应的工作表中，图表的左上角与单元格 E1 的左上角对齐。请帮我编写相应的 Python 代码。

> 以下是实现您需求的 Python 代码：

```
import pandas as pd
import matplotlib.pyplot as plt
import xlwings as xw
# 指定工作簿的文件路径
file_path = '各月销量表.xlsx'
# 用Excel打开工作簿
```

```python
7   app = xw.App(visible=False, add_book=False)
8   workbook = app.books.open(file_path)
9   # 读取每个工作表中的数据并绘制柱形图
10  for worksheet in workbook.sheets:
11      data = pd.read_excel(file_path, sheet_name=worksheet.name)
12      x = data['配件名称']
13      y = data['销量']
14      plt.rcParams['font.sans-serif'] = ['Microsoft YaHei']
15      plt.rcParams['axes.unicode_minus'] = False
16      figure = plt.figure(figsize=(7, 4))
17      plt.bar(x=x, height=y, width=0.5, align='center', color='0.6')
18      worksheet.pictures.add(image=figure, anchor=worksheet.range('E1'))
19  # 保存并关闭工作簿
20  workbook.save('各月销量表_插入图表.xlsx')
21  workbook.close()
22  app.quit()
```

这段代码在每一轮循环中先用 pandas 模块读取当前工作表中的数据并选取"配件名称"列和"销量"列，然后用 Matplotlib 模块将选取的数据绘制成柱形图，接着使用 xlwings 模块将 Matplotlib 图形对象插入工作表中的指定位置。

◎ 验证代码

在 Python 编辑器中运行代码后，打开生成的工作簿"各月销量表_插入图表.xlsx"，可在各个工作表中看到绘制的柱形图，如图 9-18 所示。

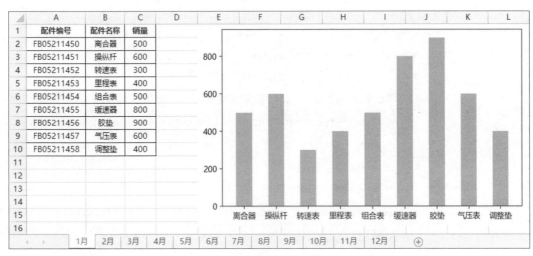

图 9-18

◎ 知识扩展

在工作表中插入图片使用的是 xlwings 模块中 Pictures 对象的 add() 函数,该函数的基本语法格式如下:

表达式 .pictures.add(image, left, top, width, height, anchor)

表达式是一个 Sheet 对象,表达式 .pictures 用于访问 Pictures 对象。

参数 image 用于指定要插入的图片,参数值可以是图片的文件路径,也可以是用 Matplotlib、Plotly 等模块绘制的图形对象。

参数 left 和 top 分别用于指定图片与工作表的左侧和顶部的距离(单位:pt)。

参数 width 和 height 分别用于指定图片的宽度和高度(单位:pt)。

参数 anchor 用于指定一个单元格,图片的左上角将与该单元格的左上角对齐。该参数不能与 left / top 同时给出。